Heidelberger Taschenbücher Band 146

Karl Heinz Hellwege

Einführung in die Physik der Molekeln

Zweite, korrigierte Auflage

Mit 52 Abbildungen

Springer-Verlag Berlin Heidelberg NewYork
London Paris Tokyo Hong Kong

Professor Dr. Karl Heinz Hellwege
Technische Hochschule Darmstadt, D-6100 Darmstadt

ISBN-13: 978-3-540-51453-4 e-ISBN-13: 978-3-642-74949-0
DOI: 10. 978-3-642-74949-0

CIP-Titelaufnahme der Deutschen Bibliothek
Hellwege, Karl Heinz:
Einführung in die Physik der Molekeln/ Karl Heinz Hellwege.
- 2., korrigierte Aufl. - Berlin ; Heidelberg ; NewYork ;
London ; Paris ; Tokyo ; Hong Kong : Springer, 1989
(Heidelberger Taschenbücher ; Bd. 146)

NE: GT

Druck: Druckhaus Langenscheidt, Berlin; Bindearbeiten: Bruno Helm, Berlin
2156/3020-543210 – Gedruckt auf säurefreiem Papier

Vorwort zur zweiten Auflage

Für die zweite Auflage wurden einige Korrekturen an Text und Tabellen angebracht. Insbesondere wurden die 1986 von der CODATA-Commission vorgeschlagenen neuen Werte der physikalischen Fundamentalkonstanten übernommen und in den Tabellen am Ende des Bandes berücksichtigt. Im übrigen blieb das Buch ungeändert.

Darmstadt, Juli 1989 K.H.H.

Aus dem Vorwort zur ersten Auflage

Wie der Band 2 „Atomphysik" behandelt auch dieser Band nur die Grundlagen. Er soll nicht mehr sein als ein hoffentlich nützliches Hilfsmittel für Anfänger. Deshalb wurde auf stoffliche Vollständigkeit, besonders bei den mehratomigen Molekeln, ebenso verzichtet wie auf anspruchsvollere theoretische Methoden, z. B. die Gruppentheorie. Vorausgesetzt sind nur die Grundlagen der Quantentheorie und der Atomphysik. Längere mathematische Darstellungen, die zunächst überschlagen werden können, sind durch Kleindruck gekennzeichnet, ebenso Anmerkungen und ausführlicher behandelte Beispiele. Hinweise mit dem Buchstaben A beziehen sich auf die „Atomphysik"[1], Hinweise in eckigen Klammern [ ] auf das Literaturverzeichnis im Anschluß an den Text. Gerechnet wird im SIU-System. Die Werte der atomaren Konstanten und eine Energie-Umrechnungstabelle finden sich am Ende des Bandes, die häufiger verwendeten Symbole auf der 2. und 3. Umschlagseite.

Darmstadt, Mai 1974 K. H. H.

---

[1] HELLWEGE, K. H.: Einführung in die Physik der Atome. 4. Auflage. In: Heidelberger Taschenbücher, Band 2. Berlin-Heidelberg-NewYork: Springer 1974.

Inhaltsverzeichnis

F. Bandenspektren zweiatomiger Molekeln

G. Bandenspektren und chemische Bindung bei zweiatomigen Molekeln

H. Mehratomige Molekeln

I. Der Raman-Effekt

J. Kernspin-Effekte

1. Übersicht

Es ist üblich, niedermolekulare und hochmolekulare Stoffe nach der Größe ihrer Molekeln zu unterscheiden. Besonders hochmolekular sind polymere Molekeln, d.h. solche, die aus einer Molekelgruppe, dem Monomeren, durch Wiederholung aufgebaut werden. Bei hochpolymeren Kunststoffen (z.B. Polyäthylen $(-CH_2-CH_2-)_n$) kommen Kettenmolekeln mit Polymerisationsgraden n bis zu $n = 10^6$ vor. Alle prinzipiellen Fragen der Molekelphysik stellen sich jedoch schon bei kleinen, aus nur wenigen Atomen bestehenden Molekeln. Wir beschränken uns deshalb auf diese und beginnen mit den zweiatomigen Molekeln. Dabei werden wir, im Anschluß an die Behandlung der Atome[1], spektroskopische Untersuchungsmethoden in den Vordergrund stellen.

---

1 „Einführung in die Physik der Atome", 4. Auflage. In: Heidelberger Taschenbücher Bd. 2. Berlin-Heidelberg-New York: Springer 1974

A. Das Modell für zweiatomige Molekeln

2. Separation von Kern- und Elektronenbewegung

Wir betrachten eine elektrisch neutrale zweiatomige Molekel AB, bestehend aus zwei Kernen mit den Ladungen $Z_A e$ und $Z_B e$ an den Orten $\boldsymbol{r}_A$ und $\boldsymbol{r}_B$ und $N = Z_A + Z_B$ Elektronen mit den Ladungen $-e$ an den Orten $\boldsymbol{r}_i$ $(i = 1, 2, \ldots, N)$, siehe Abb. 2.1. Da die mittleren Abstände zwischen diesen $N + 2$ Teilchen groß gegen ihre Radien sind, kann die Molekel als System von Massenpunkten behandelt werden. Die Molekel wird zusammengehalten durch die Coulomb-Kräfte zwischen den Teilchen. Allein die Abstoßungskräfte der Kerne gegeneinander und der Elektronen gegeneinander würden zur Explosion, allein die Anziehungskräfte zwischen den Kernen einerseits und den Elektronen andererseits zur Implosion des Systems führen. Alle Kräfte zusammen liefern bei stabilen Molekeln ein Energieminimum, in dem sich die Kerne im *Gleichgewichtsabstand* r_e befinden[1], siehe Abb. 2.2.

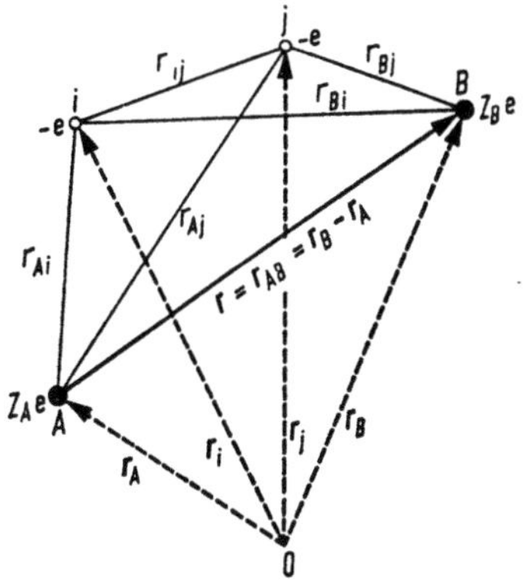

Abb. 2.1. Zur Definition des Zweizentrensystems.

[1] Bezeichnungen nach internationaler Konvention. Index $e \mathrel{\hat{=}}$ englisch *e*quilibrium.

Die Energie W und die Teilchendichte $\psi\psi^*$ bei der Bewegung der Kerne und der Elektronen unter dem Einfluß der Coulomb-Kräfte werden von der *Schrödinger*-Gleichung

$$\mathcal{H}\psi(\boldsymbol{r}_A, \boldsymbol{r}_B, \boldsymbol{r}_i) = W \cdot \psi(\boldsymbol{r}_A, \boldsymbol{r}_B, \boldsymbol{r}_i) \tag{2.1}$$

bestimmt. Dabei ist der *Hamilton-Operator* gegeben durch

$$\mathcal{H} = \mathcal{H}_{\text{kin}} + \mathcal{H}_{\text{pot}} \tag{2.2}$$

mit der kinetischen Energie (vgl. A Ziffer 21)

$$\mathcal{H}_{\text{kin}} = \frac{\boldsymbol{p}_A^2}{2m_A} + \frac{\boldsymbol{p}_B^2}{2m_B} + \sum_i \frac{\boldsymbol{p}_i^2}{2m_e} \tag{2.3}$$

und der potentiellen Coulomb-Wechselwirkungsenergie[2]

$$\mathcal{H}_{\text{pot}} = \mathcal{H}_{\text{Coul}} = \frac{Z_A Z_B e^2}{4\pi\varepsilon_0 r_{AB}} + \sum_{i>j}^{N} \sum_{j=1}^{N} \frac{e^2}{4\pi\varepsilon_0 r_{ij}} - \sum_{i=1}^{N} \frac{e^2}{4\pi\varepsilon_0} \left(\frac{Z_A}{r_{Ai}} + \frac{Z_B}{r_{Bi}}\right). \tag{2.4}$$

Dabei ist

$$r_{mn} = |\boldsymbol{r}_m - \boldsymbol{r}_n| = r_{nm} \tag{2.5}$$

der Abstand zwischen den Teilchen m und n ($m, n = A, B, 1, \ldots, N$). Die Ortsvektoren $\boldsymbol{r}_m$ werden von einem beliebigen Ursprung 0 aus gemessen, siehe Abb. 2.1.

Man kann die Schrödinger-Gleichung (2.1) exakt nicht lösen. Es genügt hier aber, sie in der *adiabatischen Näherung* von Born und Oppenheimer zu diskutieren, die eine *Separation* der Bewegungen der Kerne und der Elektronen erlaubt. Diese Separation führt zu einem anschaulichen Modell, das im folgenden immer benutzt und das durch die Näherungsgleichungen (2.6) und (2.8) an Stelle von (2.1) beschrieben wird:

Wegen ihrer so viel größeren Masse bewegen sich die Kerne sehr viel langsamer als die Elektronen. In erster Näherung kann ihre Bewegung überhaupt vernachlässigt werden, d.h. man denkt sich die Kerne in einem willkürlich vorgegebenen Abstand $\boldsymbol{r} = \boldsymbol{r}_{AB} = \boldsymbol{r}_B - \boldsymbol{r}_A$ *fixiert.* Dann fällt die kinetische Energie der Kerne in (2.3) fort und an die Stelle von (2.1) tritt die Schrödinger-Gleichung

$$\left(\sum_i \frac{\boldsymbol{p}_i^2}{2m_e} + \mathcal{H}_{\text{Coul}}\right) \psi^{\text{el}}(\boldsymbol{r}, \boldsymbol{r}_i) = W^{\text{el}}(r) \cdot \psi^{\text{el}}(\boldsymbol{r}, \boldsymbol{r}_i) \tag{2.6}$$

für die Bewegung der Elektronen im Feld von zwei willkürlich fixierten Kernen[3]. Der Eigenwert $W^{\text{el}}(r)$ heißt die *Elektronenenergie* beim Kern-

---

[2] Sonstige Wechselwirkungen, z.B. der Elektronen- und Kern-Spins, können zunächst vernachlässigt werden.

[3] Sogenanntes *Zweizentrenproblem*. Der obere Index el bedeutet „elektronisch“.

abstand $r = |\boldsymbol{r}|$, obwohl er die Coulombsche Abstoßungsenergie $Z_A Z_B e^2/4\pi\varepsilon_0 r_{AB}$ der (fixierten) Kerne in $\mathscr{H}_{\text{Coul}}$ mit enthält[4].

Alleinige Variable sind die Ortskoordinaten der Elektronen, der Kernabstand r tritt nur als Parameter in $\mathscr{H}_{\text{Coul}}$ und deshalb auch bei den Eigenwerten $W^{\text{el}}(r)$, und der Kernabstandsvektor[5] $\boldsymbol{r}$ als Parameter in den Eigenzuständen $\psi^{\text{el}}(\boldsymbol{r}, \boldsymbol{r}_i)$ auf. Es gibt für jeden Wert von r eine Serie von Eigenwerten $W_0^{\text{el}} \leq W_1^{\text{el}} \leq \cdots$ mit Eigenzuständen $\psi_0^{\text{el}}, \psi_1^{\text{el}}, \ldots,$ wobei der Index 0 den Grundzustand bedeutet und die angeregten Zustände höhere Indizes tragen. Denkt man sich zunächst den Eigenwert des Grundzustandes über r aufgetragen, so ergibt sich für eine stabile Molekel eine Kurve von der in Abb. 2.2a gezeichneten Form mit einem Minimum bei $r = r_e$. Dies ist der stabile *Gleichgewichtsabstand*. Nach Konvention wird der Nullpunkt der Energieskala in das Minimum des Elektronengrundzustandes gelegt, d.h. es ist (siehe Abb. 2.2 und Abb. 3.1)

$$W_0{}^{\text{el}}(r_{e0}) = 0. \tag{2.6'}$$

und bei angeregten Zuständen ist

$$0 \leq W_1{}^{\text{el}}(r_{e1}) \leq W_2{}^{\text{el}}(r_{e2}) \leq \ldots \tag{2.6''}$$

Es ist auch üblich, die elektronischen Minimumsenergien[6] $W_i{}^{\text{el}}(r_{ei})$ einfach als *die Elektronenenergien* der Molekelzustände zu bezeichnen.

Für jede Vergrößerung oder Verkleinerung des Kernabstandes muß elektronische Arbeit[6] $W^{\text{el}}(r) - W^{\text{el}}(r_e)$ geleistet werden, die in Schwingungsenergie W^{vibr} umgesetzt wird, wenn die Kerne dann losgelassen werden. Die elektronische Energie $W^{\text{el}}(r)$ wirkt also als *Potential* für *Schwingungen* der Molekeln um den Gleichgewichtsabstand $r = r_e$. Deshalb wird im folgenden häufig

$$W^{\text{el}}(r) \equiv P(r) \tag{2.7}$$

oder, auf der Wellenzahlskala,

$$W^{\text{el}}(r)/hc \equiv P(r) \tag{2.7'}$$

geschrieben werden.

Wellenmechanisch wird die Bewegung der Kerne in der adiabatischen Näherung durch die folgende Schrödinger-Gleichung beschrieben:

$$\left[\frac{\boldsymbol{p}_A^2}{2m_A} + \frac{\boldsymbol{p}_B^2}{2m_B} + P(|\boldsymbol{r}_B - \boldsymbol{r}_A|)\right] \psi^{AB}(\boldsymbol{r}_A, \boldsymbol{r}_B) = W^{AB} \cdot \psi^{AB}(\boldsymbol{r}_A, \boldsymbol{r}_B)\,, \tag{2.8}$$

---

4 Man kann $W^{\text{el}}(r) - Z_A Z_B/4\pi\varepsilon_0 r$ die „reine" Elektronenenergie nennen.

5 Durch seine Richtung werden die Kerne A und B unterschieden. Dies wird später wichtig.

6 Einschließlich der Änderung des Coulombpotentials zwischen den Kernen, siehe oben.

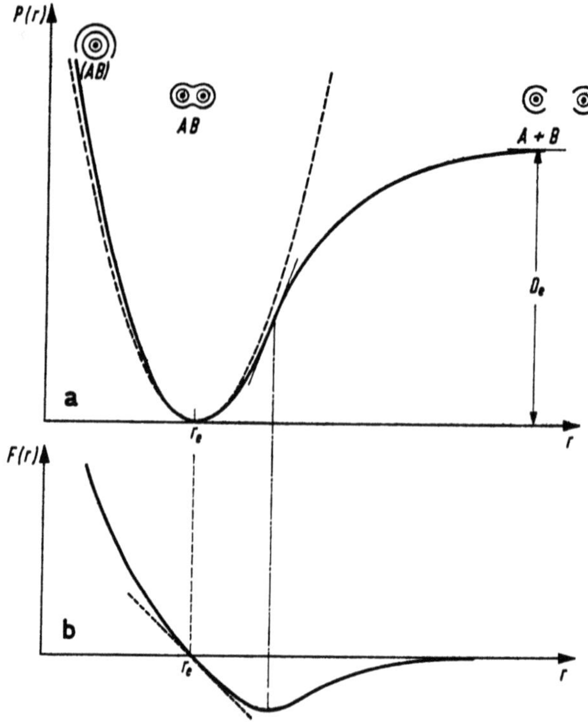

Abb. 2.2. a) Potential $P(r)$ und b) Kraft $F(r) = -dP/dr$ für die Bewegung der Kerne einer zweiatomigen Molekel AB als Funktion des Kernabstandes r. r_e = Gleichgewichtsabstand, D_e = Dissoziationsenergie. Gestrichelt gezeichnet: harmonische Näherung, lineares Kraftgesetz. Schematisch eingezeichnet die Elektronenschalen der getrennten Atome $A + B$ bei $r \to \infty$, der Molekel AB bei $r \approx r_e$ und des vereinigten Atoms (AB) bei $r \to 0$.

wo der obere Index AB die Kernbewegung symbolisiert und die Eigenzustände nur von den Kernkoordinaten abhängen. Das Potential im $\mathscr{H}$-Operator links hängt sogar nur vom Kernabstand $r = |\boldsymbol{r}_B - \boldsymbol{r}_A|$ ab[7]. Deshalb ist es zweckmäßig, auf die Relativkoordinate

$$\boldsymbol{r} = \boldsymbol{r}_{AB} = \boldsymbol{r}_B - \boldsymbol{r}_A \tag{2.9}$$

und den Schwerpunktsort

$$\boldsymbol{r}_S = \frac{m_A \boldsymbol{r}_A + m_B \boldsymbol{r}_B}{m_A + m_B} \tag{2.10}$$

---

[7] Das bedeutet natürlich nicht, daß die Lösungen ψ^{AB} auch nur von r und nicht von $\boldsymbol{r}_A$ und $\boldsymbol{r}_B$ selbst abhängen können! Siehe Aufgabe 2.1.

zu transformieren, die reduzierte Masse

$$m = \frac{m_A m_B}{m_A + m_B} \tag{2.11}$$

einzuführen und damit (2.8) zu lösen.

Das Ergebnis ist dasselbe wie in der klassischen Punktmechanik für eine *Hantel* aus zwei durch eine Federkraft verbundenen Massenpunkten: die *allgemeinste Bewegung der Kerne* setzt sich in dieser Näherung zusammen aus

a) einer *Schwingung* der Kerne gegeneinander unter dem Einfluß des Potentials (2.7), wobei der Schwerpunkt S stehen bleibt,
b) einer *Rotation* um den Schwerpunkt S,
c) einer *Translation* des Schwerpunktes.

Der Kernbewegung überlagert sich noch die *Elektronenbewegung*. Die *Gesamtenergie* W der Molekeln nach (2.1) läßt sich dann schreiben als eine Summe

$$W = W^{\mathrm{el}}(r_e) + W^{\mathrm{vibr}} + W^{\mathrm{rot}} + W^{\mathrm{trans}}. \tag{2.12}$$

Dabei ist die Elektronenenergie beim Gleichgewichtsabstand $r = r_e$ einzusetzen, da ihre Änderung bei den Änderungen des Kernabstandes während einer Schwingung ja schon als potentielle Energie in der Schwingungsenergie W^{vibr} enthalten ist, siehe (2.7).

Wir interessieren uns im folgenden nur für die inneren Bewegungen der Molekeln, setzen also $W^{\mathrm{trans}} = 0$ voraus. Dann ist die Bewegung der Kerne bereits vollständig durch den Kernabstandsvektor (2.9) $\boldsymbol{r} = \boldsymbol{r}_B - \boldsymbol{r}_A = (r, \vartheta, \varphi)$ beschrieben und die Zustände ψ^{AB} in (2.8) lassen sich zerlegen in einen Schwingungsanteil $\psi^{\mathrm{vibr}}(r)$ und einen Rotationsanteil $\psi^{\mathrm{rot}}(\vartheta, \varphi)$[8]

$$\psi^{AB}(\boldsymbol{r}_A, \boldsymbol{r}_B) = r^{-1}\, \psi^{\mathrm{vibr}}(r)\, \psi^{\mathrm{rot}}(\vartheta, \varphi) \tag{2.13}$$

Sie sind die Zustände eines rotierenden Oszillators (Ziffer 9). $|\psi^{\mathrm{rot}}(\vartheta\varphi)|^2 \times$ $\times \sin\vartheta\, d\vartheta\, d\varphi$ gibt die Wahrscheinlichkeit, den Oszillator mit der Achsenrichtung $(\vartheta\varphi)$, $|r^{-1}\psi^{\mathrm{vibr}}(r)|^2\, r^2\, dr = |\psi^{\mathrm{vibr}}(r)|^2\, dr$ die Wahrscheinlichkeit, ihn bei beliebiger Achsenrichtung im Kernabstand r anzutreffen.

Der Energieseparation in (2.12) entspricht dann die Produktform der Eigenzustände ψ in (2.1):

$$\psi = \psi^{\mathrm{el}}(\boldsymbol{r}, \boldsymbol{r}_i)\, \psi^{AB}(\boldsymbol{r}_A, \boldsymbol{r}_B) = \psi^{\mathrm{el}}(\boldsymbol{r}, \boldsymbol{r}_i)\, r^{-1}\, \psi^{\mathrm{vibr}}(r)\, \psi^{\mathrm{rot}}(\vartheta, \varphi), \tag{2.14}$$

deren Faktoren (= Teilzustände) wir später angeben werden. $\psi^{\mathrm{el}}(\boldsymbol{r}, \boldsymbol{r}_i)$ beschreibt die Bahnbewegung der Elektronen im Zweizentrenfeld gemäß (2.6), sie hängt nach (2.4), (2.6) nur von den Relativkoordinaten $\boldsymbol{r}_i - \boldsymbol{r}_A$ und $\boldsymbol{r}_i - \boldsymbol{r}_B$ der Elektronen

---

[8] Abgesehen von dem Faktor r^{-1}. ψ^{rot} siehe in Ziffer 4, ψ^{vibr} in Ziffern 7/8.

zu den Kernen und von $r = |\boldsymbol{r}|$ ab:

$$\psi^{el}(\boldsymbol{r}, \boldsymbol{r}_i) \equiv \psi^{el}(r; \boldsymbol{r}_i - \boldsymbol{r}_A, \boldsymbol{r}_i - \boldsymbol{r}_B) \tag{2.15}$$

wobei $\boldsymbol{r}$, $\boldsymbol{r}_A$, $\boldsymbol{r}_B$ willkürlich vorgegebene Parameter sind.

Zum Schluß erinnern wir noch einmal an die Grundlage dieses Modells: vorausgesetzt wird, daß die Schwingungs- und Rotationsfrequenzen der Molekel sehr klein sind gegen die Umlaufsfrequenzen[9] der Elektronen. Dann haben die Elektronen Zeit, der Kernbewegung zu folgen, d.h. ihre Bewegung soll in jedem Augenblick der Kernbewegung so sein wie sie auch wäre, wenn die Kerne in dieser Lage fixiert wären[10].

3. Die Potentialkurve

Bevor wir die in der vorigen Ziffer aufgeführten Bewegungsformen der Molekel einzeln diskutieren, betrachten wir die *Potentialkurve*[1] noch etwas näher (Abb. 2.2).

Aus der durch die chemische Erfahrung geforderten Existenz einer endlichen Dissoziationsarbeit folgt, daß die Potentialkurve bei sehr großem Kernabstand asymptotisch in einen horizontalen Ast übergeht, so daß

$$P(\infty) - P(r_e) = D_e \tag{3.1}$$

die *Dissoziations-* oder *Trennarbeit* aus dem Gleichgewichtsabstand $r = r_e$ ist. Andererseits muß schon wegen der Coulombschen Abstoßung der Kerne die potentielle Energie bei sehr kleinen Kernabständen beliebig groß werden:

$$P(0) - P(r_e) \to \infty \,. \tag{3.2}$$

Es ist üblich, im Grundzustand

$$P(r_e) = 0 \tag{3.3}$$

zu setzen, in Übereinstimmung mit Abb. 2.2a und Gl. (2.6′).

---

[9] Halbklassisches Bild im Sinne des Korrespondenzprinzips.

[10] Daher der Name „adiabatische Näherung".

[1] Gemeint ist hier zunächst die Potentialkurve des Elektronengrundzustandes. Natürlich hat auch jeder angeregte Elektronenzustand eine eigene Potentialkurve. Der Index 0 zur Kennzeichnung des Grundzustandes ist fortgelassen: $P_0(r) = P(r)$. — Die Bezeichnungen P und D werden sowohl für die Energien wie für die Termwerte in cm^{-1} ($\equiv$ Energien dividiert durch hc) verwendet.

Die bei einem beliebigen Abstand auf die Kerne wirkende Kraft ergibt sich durch Differentiation der Potentialkurve: die *Bewegungsgleichung* für die Kerne unter dem Einfluß des Potentials lautet also

$$F(r) = m\ddot{r} = -\frac{dP(r)}{dr}, \tag{3.4}$$

wobei m die reduzierte Masse (2.11) ist. Die Kraft ist in Abb. 2.2b über r aufgetragen, sie treibt bei jedem $r \neq r_e$ zum Gleichgewichtsabstand $r = r_e$ zurück. Sie ist sehr stark in der Nähe von $r = 0$ und verschwindet bei $r = r_e$ und $r \to \infty$, so daß

$$F(r_e) = F(\infty) = 0 \tag{3.5}$$

und

$$\left.\frac{dF}{dr}\right|_{r=r_e} = F'(r_e) < 0\,, \qquad F'(\infty) = 0\,. \tag{3.6}$$

Hier ist also die Molekel im Gleichgewicht: $r = r_e$ beschreibt den gebundenen Zustand AB, $r \to \infty$ den dissoziierten Zustand $A + B$, d.h. zwei getrennte Atome ohne Wechselwirkung in beliebig großem Abstand.

Für kleine Abweichungen $r - r_e$ von der Gleichgewichtslage konvergiert die Potenzreihe

$$F(r) = a_0 + a_1(r - r_e) + a_2(r - r_e)^2 + \cdots \tag{3.7}$$

sehr gut. Wegen (3.5) und (3.6) ist

$$a_0 = 0\,, \tag{3.8}$$

$$a_1 = -k < 0\,, \tag{3.9}$$

so daß bei Vernachlässigung höherer Glieder in erster Näherung die Kraft linear, die Potenialkurve eine Parabel ist:

$$F(r) = -k(r - r_e)\,, \tag{3.10}$$

$$P(r) = \frac{k}{2}(r - r_e)^2\,. \tag{3.11}$$

Diese *harmonische (lineare)* erste *Näherung* ist in Abb. 2.2a mit eingezeichnet.

Es existieren auch geschlossene analytische Funktionen zur Darstellung der Potentialkurve. Sie müssen dem chemischen Bindungstyp angepaßt werden, siehe Ziffern 20 und 21.

Zum Schluß noch eine qualitative Bemerkung darüber, wie sich die Elektronenverteilung mit dem Kernabstand verändert. Bei $r \to \infty$ sind die Atome A und B getrennt, die Elektronen sind in Schalen um ihren jeweiligen Kern angeordnet, es gibt also zwei K-Schalen (usw.). Bei $r = 0$ läge das vereinigte Atom (AB) mit größerer Kernladung und nur einer

K-Schale (usw.) vor, so daß bei der Vereinigung Elektronen in höhere Schalen angehoben werden müssen. Das kostet positive Arbeit, die durch die stärker negative Bindungsenergie im stärkeren Kernfeld nur teilweise kompensiert wird und zum Anstieg der Potentialkurve beiträgt. Im gebundenen Zustand bei $r = r_e$ bleiben zwar die innersten Elektronenschalen bei „ihren" Atomkernen, jedoch vereinigen sich die äußersten Elektronen beider Atome häufig zu einer Art gemeinsamer Elektronenschale der gebundenen Molekel AB (Abb. 2.2a).

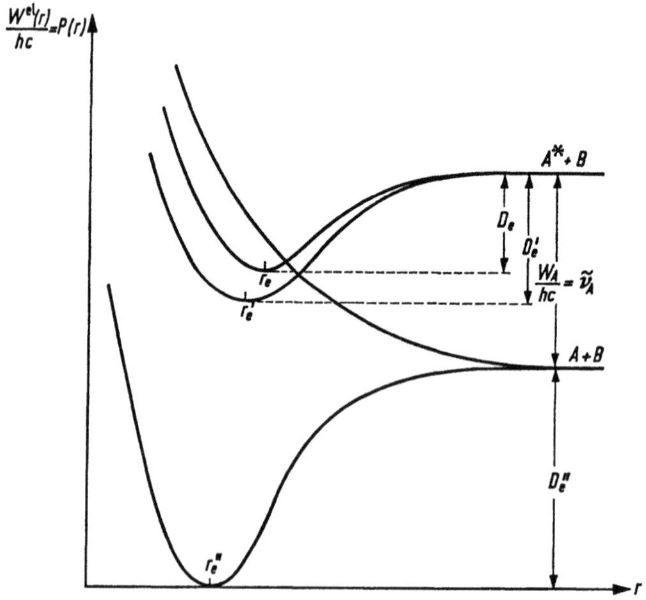

Abb. 3.1. Bindende und abstoßende Elektronenterme, schematisch. A^* = angereges Atom, $W_A = hc\tilde{\nu}_A$ = seine Anregungsenergie.

Alle hier für den Elektronengrundzustand durchgeführten Überlegungen gelten auch für die *angeregten Elektronenzustände* (Abb. 3.1). Auch diese können ein Minimum, d.h. einen stabilen Bindungsabstand r_e' aufweisen. Ist dabei die Bindung lockerer (fester) als im Elektronengrundzustand, so ist der Gleichgewichtsabstand größer (kleiner), die Dissoziationsarbeit D_e' kleiner (größer) als dort.

Dissoziiert die Molekel aus einem angeregten Elektronenzustand, so ist im allgemeinen mindestens eines der getrennten Atome in einem angeregten Zustand. Das muß aber nicht in jedem Fall so sein. Denn da jeder Term eines der getrennten Atome $(2J+1)$-fach entartet ist (J= Gesamtdrehimpulsquantenzahl), ist der ***Entartungsgrad*** der beiden Atome A und B, wenn sie sich vor dem Zusammenführen in Zuständen mit $J=J_A$ und $J=J_B$ befinden, gleich[2] $g_{A+B}=(2J_A+1)(2J_B+1)$. Dieser bei $r\to\infty$ g_{A+B}-fach entartete Zustand kann beim Zusammenführen der Atome durchaus in mehrere gebundene Zustände mit niedrigerer Entartung aufspalten (Näheres Ziffer 23), so daß umgekehrt auch Dissoziation aus verschiedenen Molekelzuständen in dieselben Atomzustände (z.B. die Grundzustände) führen kann.

Auch in der Grenze $r\to 0$ entstehen wieder entartete Terme vom Entartungsgrad $g_{(AB)}=2J_{(AB)}+1$ des vereinigten Atoms (AB).

Nicht immer stellt sich beim Zusammenführen von zwei Atomen ein Bindungszustand ein. Es kommen auch Elektronenkonfigurationen vor, in denen die abstoßenden Kräfte zwischen den Teilchen insgesamt überwiegen, so daß die Potentialkurve ohne ein Minimum zu durchlaufen nach kleinen Kernabständen hin ansteigt.

Abb. 3.1 gibt eine schematische Übersicht über die verschiedenen Typen von Potentialkurven.

Aufgabe 3.1

Stelle die getrennten Bewegungsgleichungen für die Kerne A und B unter dem Einfluß von $P(r)$ auf und zeige, daß sie in die Bewegungsgleichung (3.4) der Molekel zusammengezogen werden können. Hinweis: Koordinatenanfang im Schwerpunkt.

---

[2] Jeder Zustand mit J_A, M_A des einen Atoms kann in der Molekel mit jedem Zustand J_B, M_B des anderen Atoms kombiniert sein. Die Zahl der elektronischen Freiheitsgrade ist unabhängig von r.

B. Die Rotationsenergie zweiatomiger Molekeln

Wir betrachten die Rotation der Molekel allein. Dabei vernachlässigen wir zunächst die Dehnung, die gegen die Rückstellkraft (3.4) durch die bei der Rotation auftretenden Fliehkräfte erzwungen wird. Wir gehen also aus von dem vereinfachten Modell einer *starren Hantel.*

4. Die starre Hantel

Dies Modell ist definiert durch die beiden Kerne (Massenpunkte) mit den Massen m_A und m_B in den Abständen (Abb. 4.1)

$$a = \frac{m_B}{m_A + m_B} r, \quad b = \frac{m_A}{m_A + m_B} r \tag{4.1}$$

vom Schwerpunkt S, in den wir den Koordinatenanfang legen.

Der Betrag

$$r = a + b \tag{4.2}$$

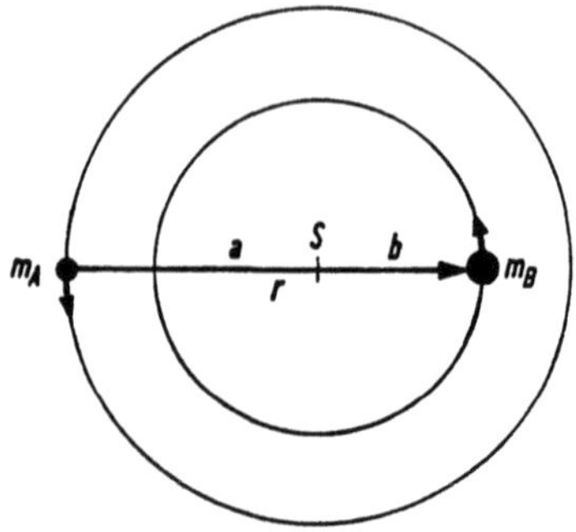

Abb. 4.1. Rotationsbewegung einer Hantel aus zwei Massenpunkten mit den Massen $m_A \leqq m_B$. Nach der klassischen Mechanik bewegen sich die Punkte auf Kreisen mit den Radien $r_A \geqq r_B$ um den Schwerpunkt S. Der Drehimpuls J steht senkrecht auf der Papierebene. Alle Orientierungen der Bahnebene im Raum sind erlaubt.

des Kernabstandes $\boldsymbol{r} = (r, \vartheta, \varphi) = \boldsymbol{r}_B - \boldsymbol{r}_A$, dessen Richtung wir vom Kern A zum Kern B definieren, soll in diesem Modell konstant bleiben, wir setzen also

$$r \equiv r_e . \tag{4.3}$$

Dann ist immer

$$P(r) \equiv P(r_e) = 0 , \tag{4.4}$$

die Energie ist rein kinetisch und der *Hamilton*-Operator ist gegeben durch

$$\mathscr{H} = \mathscr{H}^{\text{rot}} = \tfrac{1}{2}\, \Theta_e \omega^2 = \frac{(\Theta_e \omega)^2}{2\,\Theta_e} = \frac{\boldsymbol{J}^2}{2\,\Theta_e} , \tag{4.5}$$

wobei ω die Winkelgeschwindigkeit der Rotation, Θ_e das Trägheitsmoment

$$\Theta_e = m_A \cdot a^2 + m_B \cdot b^2 = m\, r_e^2 \tag{4.6}$$

(m = reduzierte Masse (2.11) und

$$\boldsymbol{J} = \Theta_e \boldsymbol{\omega} \tag{4.7}$$

der senkrecht auf der Molekelachse stehende *Drehimpuls*[1] ist. Die *Schrödinger*-Gleichung ist also identisch mit einer Eigenwertgleichung für $\boldsymbol{J}^2$. Sie hängt nur von der Richtung (ϑ, φ) der Hantelachse im Raum ab: nach (4.5) ist

$$\mathscr{H}^{\text{rot}} \psi^{\text{rot}}(\vartheta, \varphi) = \frac{\boldsymbol{J}^2}{2\,\Theta}\, \psi^{\text{rot}}(\vartheta\, \varphi) = W^{\text{rot}} \psi^{\text{rot}}(\vartheta\, \varphi) . \tag{4.8}$$

Die Eigenwerte von $\boldsymbol{J}^2$ haben die Form (A 24.14/15), also sind nach (4.8)

$$W^{\text{rot}} = W(J) = \frac{\hbar^2}{2\,\Theta_e}\, J(J+1) \tag{4.9}$$

die Eigenwerte der *Rotationsenergie*. Da es sich um Bahndrehimpuls handelt, hat die Drehimpulsquantenzahl J ganzzahlige Werte

$$J = 0, 1, 2, \ldots . \tag{4.10}$$

Die *Rotationsquanten*, das sind die Abstände $W(J+1) - W(J) = \frac{\hbar^2}{\Theta_e}\,(J+1)$ zwischen den Energieniveaus, nehmen danach mit wachsendem J linear zu, siehe Abb. 5.1. Anschaulich bedeutet größere (kinetische!) Rotationsenergie größere Rotationsfrequenz bei konstantem Kernabstand (Aufgabe 6.1).

Um die *Eigenzustände* $\psi^{\text{rot}}(\vartheta, \varphi)$ zu finden, benutzen wir die Tatsache, daß nach (4.6/7) der Drehimpuls $\boldsymbol{J}$ aufgefaßt werden kann als der Bahn-

---

[1] Es ist üblich, den Gesamtdrehimpuls eines Molekelmodells (wie auch eines Atoms) $\boldsymbol{J}$ zu nennen. Beim starren Rotator ist er ein reiner Bahndrehimpuls.

drehimpuls eines Teilchens der Masse m, das im Abstand r_e um den Koordinatenanfang umläuft. Für ein solches Teilchen ist in A Ziffer 21 der Operator J^2 (dort l^2 genannt) in Polarkoordinaten angeschrieben, und bewiesen, daß die zugehörigen Eigenzustände die in A Ziffer 20 definierten Kugelflächenfunktionen (A 20.24) sind[2]. Sie sind also auch die Eigenzustände zu unserem Energieoperator $\mathscr{H}^{\text{rot}}$ und damit Teilzustände von (2.13/14): es ist

$$\psi^{\text{rot}}(\vartheta\,\varphi) = Y_{JM}(\vartheta\,\varphi) = N_{JM}\,P_J^M(\cos\vartheta)\,e^{iM\varphi} \tag{4.11}$$

mit

$$N_{JM} = \sqrt{\frac{2J+1}{4\pi}\,\frac{(J-M)!}{(J+M)!}}\,, \tag{4.11'}$$

wobei die Drehimpulsquantenzahl wieder J genannt wird und die magnetische Quantenzahl M die Werte

$$M = 0, \pm 1, \ldots, \pm J \tag{4.12}$$

annehmen kann.

Die ersten Kugelflächenfunktionen sind hiernach

$$Y_{00} = 1/\sqrt{4\pi}, \quad Y_{10} = \sqrt{3/4\pi}\cos\vartheta, \quad Y_{1\pm1} = \pm\sqrt{3/8\pi}\sin\vartheta\,e^{\pm i\varphi},$$

$$Y_{20} = \sqrt{5/16\pi}\,(3\cos^2\vartheta - 1)\,, \quad Y_{2\pm1} = \pm\sqrt{15/8\pi}\sin\vartheta\cos\vartheta\,e^{\pm i\varphi}\,,$$

$$Y_{2\pm2} = \sqrt{15/32\pi}\sin^2\vartheta\,e^{\pm 2i\varphi}, \quad \text{usw.}$$

Da die Energie (4.9) nur von J abhängt, sind alle $2J+1$ Zustände (4.11), die sich nur in M unterscheiden, miteinander entartet, und zwar richtungsentartet, da $M\hbar$ nach A Ziffer 21 der Eigenwert von J_z ist:

$$J_z\,Y_{JM}(\vartheta\,\varphi) = M\hbar\,Y_{JM}(\vartheta\,\varphi)\,. \tag{4.13}$$

Das Betragsquadrat $|\psi^{\text{rot}}|^2$ gibt die bei der Rotation durchlaufenen Richtungen an: $|\psi^{\text{rot}}|^2 \sin\vartheta\, d\vartheta d\varphi$ ist die Wahrscheinlichkeit, die Molekelachse in der Richtung (ϑ, φ) zu finden. Nach (4.11) ist

$$|\psi^{\text{rot}}|^2 = N_{JM}^2\,[P_J^M(\cos\vartheta)]^2 \tag{4.14}$$

unabhängig von φ. Die Richtungsverteilung ist also rotationssymmetrisch um die z-Achse[3]. Abb. 4.2 zeigt Querschnitte durch diese Verteilung für verschiedene Werte von J und M.

---

[2] Andere Definitionen unterscheiden sich von dieser durch Phasenfaktoren, siehe „Einführung in die Festkörperphysik" [26/27].

[3] Das folgt hier aus der mathematischen Auszeichnung der z-Achse im Polarkoordinatensystem. Wird eine Raumrichtung physikalisch ausgezeichnet, z.B. durch ein elektromagnetisches Feld, so ist die z-Achse in diese Richtung zu legen.

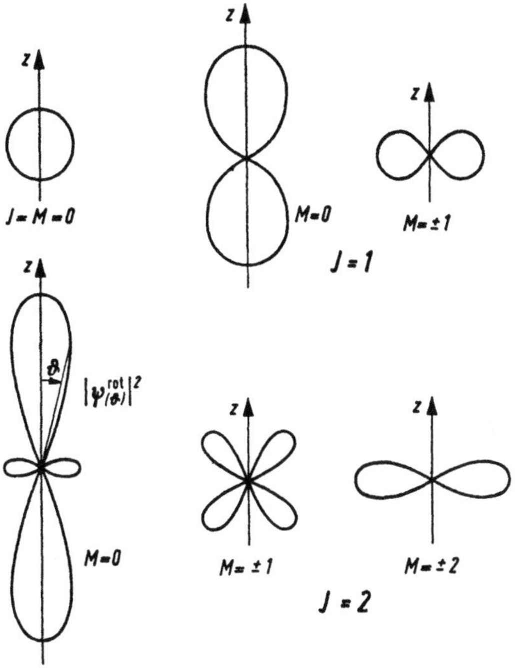

Abb. 4.2. Richtungsverteilung einer rotierenden Hantelmolekel für Drehimpulse $J = 0, 1, 2$. Polardiagramm: die Länge des Radiusvektors in Richtung ϑ ist gleich $|\psi^{rot}(\vartheta)|^2$ und gibt die Wahrscheinlichkeit an, daß die Molekelachse diese Richtung hat. Alle Verteilungen sind rotationssymmetrisch um die z-Achse.

Man kann sie sich grob veranschaulichen durch die Vorstellung, daß die klassische Hantel um den Drehimpulsvektor $\boldsymbol{J}$ in der dazu senkrechten Ebene schnell rotiert, während $\boldsymbol{J}$ langsam um die z-Achse präzediert, und die Quantentheorie für die in der Abbildung sichtbare Unschärfe dieser Bahnbewegung verantwortlich ist (vgl. A Abb. 21 und die dortige Diskussion).

Für $J = 0$ ist die Richtungsverteilung isotrop, dasselbe gilt für jedes J, wenn die Richtungsverteilungen aller $2J + 1$ nur durch den Wert von M unterschiedenen miteinander entarteten Zustände überlagert werden (Abb. 4.2). Dies folgt aus der Isotropie des kräftefreien Raumes (vgl. A Ziffer 20).

5. Die unstarre Hantel

Wir heben jetzt die Starrheitsbedingung (4.3) auf und berücksichtigen die schon oben diskutierte *Fliehkraftdehnung* der Molekel. Zur rechnerischen Behandlung ist zunächst der Index e in den Gleichungen (4.4) bis

(4.7) zu streichen. Dann muß der $\mathscr{H}$-Operator (4.5) durch die potentielle Energie $P(r)$ ergänzt und die neue *Schrödinger*-Gleichung gelöst werden. Da das ohne spezielle Annahme[1] über $P(r)$ nicht möglich ist, verzichten wir hier auf die Rechnung, diskutieren aber die zu erwartenden Energie-Eigenwerte.

Durch die Dehnung wird der Kernabstand r und damit das Trägheitsmoment Θ vergrößert. Dieses steht im Nenner der Energien (4.9) der starren Hantel. Denkt man sich die unstarre Hantel bei zunehmender Rotationsenergie (Fliehkraft) eine Serie von starren Hanteln mit wachsendem Abstand durchlaufen, so nehmen deren Energien mit wachsen-

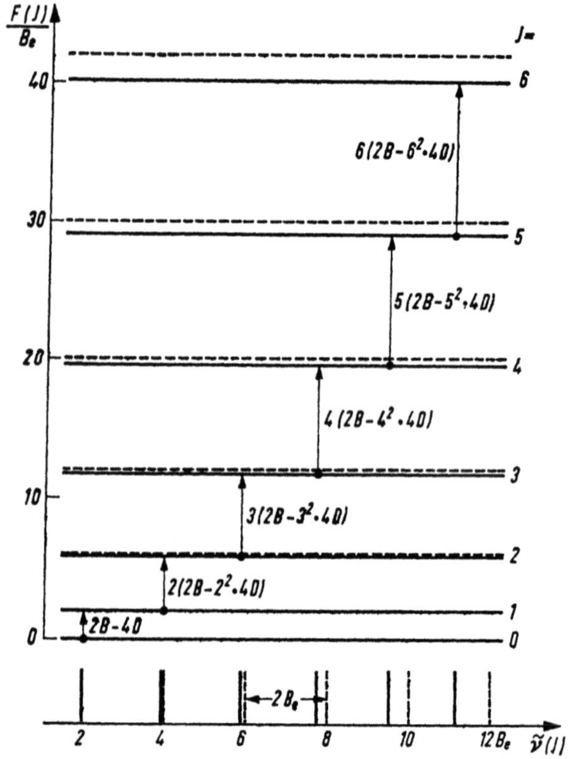

Abb. 5.1. Termschema, Übergänge und Rotationsspektrum einer unstarren (ausgezogen) und der starren (gestrichelt) Hantel. Gezeichnet für $D_e/B_e = 10^{-3}$. Für reale Molekeln ist der Dehnungseffekt mindestens eine Zehnerpotenz kleiner:

$$D_e/B_e \leqq 10^{-4}.$$

[1] Siehe Aufgabe 5.1.

dem J zunehmend ab. Das läßt sich durch die Auffassung berücksichtigen, daß (4.9) das erste Glied einer Reihenentwicklung nach Potenzen von $J(J+1)$ ist, deren zweites Glied negativ sein muß. Für die unstarre Hantel folgt also

$$W^{\mathrm{rot}} = W(J) = \frac{\hbar^2}{2\Theta_e} J(J+1) - d_e[J(J+1)]^2 \pm \cdots, \qquad (5.1)$$

wobei die Dehnungskonstante d_e von der Steilheit der Potentialkurve abhängt und hier als experimentell zu bestimmende Konstante behandelt ist. Höhere Glieder in (5.1) können im allgemeinen vernachlässigt werden. Mittels Division von (5.1) durch hc erhält man die *Rotationsterme* (konventionelle Bezeichnungen, Einheit Wellenzahlen cm^{-1})

$$\frac{W(J)}{hc} = F(J) = B_e J(J+1) - D_e[J(J+1)]^2 \qquad (5.2)$$

mit der *Rotationskonstanten*

$$B_e = \frac{\hbar}{4\pi c\Theta_e} = \frac{\hbar}{4\pi c m r_e^2} \qquad (5.3)$$

und einer *Dehnungskonstanten*

$$d_e/hc = D_e \ll B_e . \qquad (5.4)$$

Abb. 5.1 gibt das Termschema für die starre und die unstarre Hantel mit $D_e/B_e = 10^{-3}$.

Auf die Bestimmung der Eigenzustände bei Dehnung verzichten wir hier. Sie lassen sich nach den Zuständen (4.11) der starren Hantel in Reihen entwickeln.

Aufgabe 5.1

Stelle den *Hamilton*-Operator $\mathscr{H}$ für eine unstarre Hantel mit linearem Kraftgesetz, d.h. $P(r) = \frac{k}{2}(r - r_e)^2$ auf unter der Bedingung kleiner Dehnung, d.h. $r - r_e \ll r_e$. Zeige, daß $\mathscr{H}$ als Reihe mit den ersten Gliedern

$$\mathscr{H} = \frac{J^2}{2\Theta_e} - \frac{2}{k r_e^2}\left(\frac{J^2}{2\Theta_e}\right)^2$$

geschrieben werden kann. Bestimme die Eigenwerte und die Konstanten B und D.

6. Das Rotationsspektrum

Bei einem *strahlenden Übergang* zwischen zwei Rotationstermen wird ein Lichtquant der Wellenzahl[1]

$$\tilde{\nu} = F(J') - F(J'') \qquad (6.1)$$

[1] Es ist in der Molekelspektroskopie üblich, den oberen Term durch einen Strich′, den unteren Term durch einen Doppelstrich ″ zu kennzeichnen.

emittiert oder absorbiert. Bei *elektrischer Dipolstrahlung*[2] befolgen diese Übergänge die *Drehimpuls-Auswahlregel*[3]

$$\Delta J = \pm 1 \, . \tag{6.2}$$

Dies folgt unmittelbar aus der Tatsache, daß die Rotation der Molekel repräsentiert werden kann durch den Umlauf eines geladenen Massenpunktes um ein Kraftzentrum, für den die Auswahlregel (A 33.1) gilt. Wegen $F(J') > F(J'')$ bedeutet (6.2) hier $J' = J + 1$, wenn $J'' = J$ gesetzt ist. Das Spektrum enthält also die Spektrallinien ($J = 0, 1, 2, \ldots$)

$$\tilde{\nu}(J) = F(J+1) - F(J) = 2\,B_e(J+1) - 4\,D_e(J+1)^3 \, . \tag{6.3}$$

Hier kann das Dehnungsglied im allgemeinen weggelassen werden, da erfahrungsgemäß $D < 10^{-4} B$ ist und das Dehnungsglied nur in besonders günstigen Fällen neben dem Rotationsglied gemessen werden kann. Die Linien liegen dann äquidistant im Abstand $2\,B$, so daß B und damit der *Kernabstand* r_e leicht experimentell bestimmt werden können. In Abb. 5.1 sind die zu den Linien (6.3) gehörenden Absorptions-Übergänge eingezeichnet. Sie können nur beobachtet werden, sofern der jeweils untere Term thermisch besetzt ist. Deshalb nimmt die Intensität der Absorptionslinien mit wachsendem J schließlich ab (siehe auch Aufgabe 10.2).

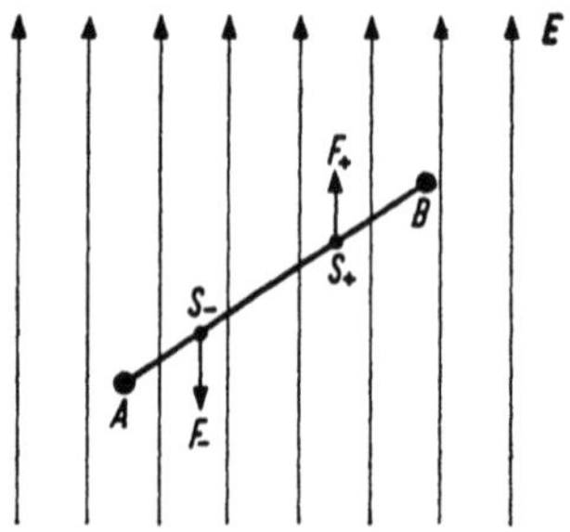

Abb. 6.1. Polare Molekel AB im elektrischen Wechselfeld einer ultraroten Lichtwelle. Wegen $\lambda_{UR} \gg r_e$ ist die Feldstärke E an jeder Stelle der Molekel gleich groß. An den Schwerpunkten S_+ und S_- der positiven und negativen Ladungen greift das Kräftepaar F_+, F_- an. Bei Frequenz-Resonanz des Lichtes mit dem Abstand zweier Rotationsterme wird Strahlungsenergie absorbiert und die Rotationsenergie der Molekel vergrößert.

---

[2] Strahlung höherer Multipole kann daneben im allgemeinen aus Intensitätsgründen vernachlässigt werden.

[3] Außerdem gilt $\Delta M = 0$ für π-Polarisation und $\Delta M = \pm 1$ für σ-Polarisation. Diese Auswahlregel ist nur in äußeren elektrischen und magnetischen Feldern von Bedeutung. Die Änderung des Drehimpulses wird vom Drehimpuls des absorbierten oder emittierten Photons kompensiert.

Allgemein wird die *Intensität* des Spektrums von der Größe des mit der Molekel rotierenden elektrischen Dipolmoments bestimmt, das mit dem elektrischen Strahlungsfeld in Wechselwirkung tritt (Abb. 6.1). Sie ist also ungleich Null nur bei unsymmetrisch gebauten Molekeln AB, wie z.B. HCl oder NaCl, in denen die Schwerpunkte der negativen und der positiven Ladungen nicht zusammenfallen, so daß sie ein *permanentes elektrisches Dipolmoment* besitzen. Demgegenüber haben Elementmolekeln AA wie z.B. O_2, N_2 aus Symmetriegründen kein Dipolmoment und deshalb auch kein Absorptions-Rotationsspektrum.

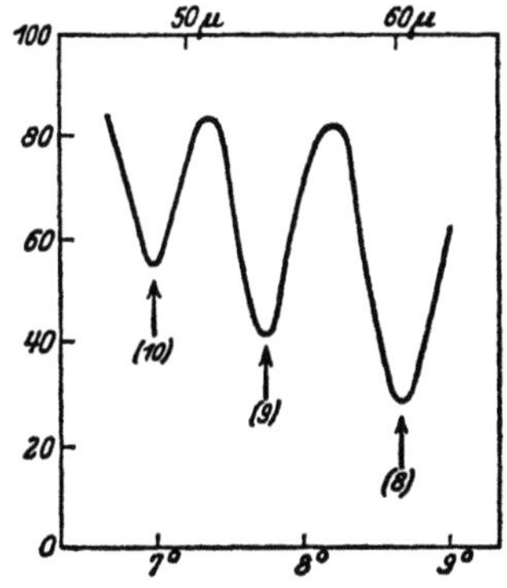

Abb. 6.2. Ausschnitt aus dem Rotationsspektrum (Absorption) des HCl im langwelligen Ultrarot. Ordinate: Durchlässigkeit einer Küvette mit HCl-Gas. Abszisse: Wellenlänge und Drehwinkel des Spektrometers. Nach CZERNY, (1925).

Das klassische *Beispiel* ist das Rotationsspektrum von HCl im langwelligen Ultrarot (CZERNY, 1925). Aus Abb. 6.2 ist evident, daß die Meßgenauigkeit zur Bestimmung des Dehnungsgliedes nicht ausreicht, so daß $D_e = 0$ gesetzt werden kann: Die Absorptionslinien[4] liegen äquidistant im Abstand

$$\Delta\tilde{\nu} = 20{,}68\ \mathrm{cm}^{-1} = 2B_e = \frac{\hbar}{2\pi c\Theta_e} = \frac{\hbar}{2\pi c m r_e^2}\,.$$

Da die reduzierte Masse m der Molekel bekannt ist, läßt sich hieraus sofort der Kernabstand r_e bestimmen: Es ist

$$\Theta_e = \frac{\hbar}{2\pi c\Delta\tilde{\nu}} = m r_e^2 = 2{,}7\cdot 10^{-40}\ \mathrm{g\,cm}^2\,,$$

ferner

$$\begin{aligned} m_A = m_\mathrm{H} &= 1{,}67\cdot 10^{-24}\ \mathrm{g} \\ m_B = m_\mathrm{Cl} &= 35{,}45\cdot m_\mathrm{H} \\ m &= 1{,}63\cdot 10^{-24}\ \mathrm{g} \end{aligned}$$

---

[4] Wegen ihrer Breite auch „Banden" genannt. Im Rahmen der Theorie hat das Wort Bande eine andere Bedeutung, siehe Ziffer 15.

und also

$$r_e = \sqrt{\frac{\Theta_e}{m}} = 1{,}29 \cdot 10^{-8}\,\text{cm}\,.$$

Aus *einem* gemessenen Abstand $2B$ lassen sich mit (6.3) die Wellenzahlen aller Linien $\tilde{\nu}(J)$ vorhersagen, d.h. die Werte von J zu jeder Absorptionslinie angeben. Die langwelligste Linie ist $\tilde{\nu}(0) = 2B$. Da das Trägheitsmoment im Nenner von B steht, haben schwerere Molekeln ein langwelligeres Spektrum mit kleineren Linienabständen. Zum Beispiel liegt das Rotationsspektrum von LiCl bereits im Mikrowellengebiet, siehe Tabelle 6.1. In der Mikrowellenspektroskopie werden Frequenzen $\nu = c \cdot \tilde{\nu}$ mit großer Genauigkeit gemessen, so daß z.B. die Rotationsspektren von Isotopenmolekeln deutlich unterschieden und auch die Dehnungskonstanten bestimmt werden können.

Tabelle 6.1. Rotations- und Dehnungskonstanten von LiCl und LiBr

Molekel	$c\,B_e$ [MHz]	$c\,D_e$ [MHz]
Li^7Cl^{35}	$21\,181{,}1 \pm 0{,}1$	0,10
Li^7Cl^{37}	$20\,989{,}9 \pm 0{,}1$	
Li^7Br^{79}	$16\,651{,}186 \pm 0{,}05$	(0,082)
Li^7Br^{81}	$16\,617{,}617 \pm 0{,}05$	(0,082)
Li^6Br^{81}	$19\,162{,}316 \pm 0{,}05$	(0,109)

Aufgabe 6.1

Nach der klassischen Mechanik hätte der starre Rotator das kontinuierliche Energiespektrum

$$W^{\text{rot}} = \tfrac{1}{2}\,\Theta_e\,\omega^2$$

mit beliebigen Werten der Kreisfrequenz ω. Nach der Quantenmechanik kommt die Kreisfrequenz in den diskreten Energien (4.9) nicht vor, da eine scharfe raumzeitliche Bahnbeschreibung hier nicht existiert.

a) Man berechne trotzdem zur groben Veranschaulichung $\omega = \omega(J)$ durch Gleichsetzen der obigen klassischen mit den quantenmechanischen Energien (4.9).

b) Man vergleiche die Wellenzahlen $\tilde{\nu} = \omega/2\pi c$ der Strahlung nach der klassischen Elektrodynamik mit denen nach der Quantentheorie (6.3).

Aufgabe 6.2

a) Beweise die Auswahlregeln $\Delta J = \pm 1$ und $\Delta M = 0$ für parallel zur z-Richtung polarisierte elektrische Dipolstrahlung. Das heißt, prüfe, wann das Matrixelement

$$\langle J'M' |\, P_z \,| J''M'' \rangle = \iint Y^*_{J'M'}(\vartheta\,\varphi)\, P_z\, Y_{J''M''}(\vartheta\,\varphi) \sin\vartheta\, d\vartheta\, d\varphi$$

für die z-Komponente

$$P_z = P\cos\vartheta$$

des elektrischen Dipolmomentes $\boldsymbol{P}(|\boldsymbol{P}| = P)$ nicht verschwindet. Hinweis: benutze die Rekursionsformel

$$\cos\vartheta \cdot P_J^M(\cos\vartheta) = \frac{J+1-M}{2J+1} P_{J+1}^M(\cos\vartheta) + \frac{J+M}{2J+1} P_{J-1}^M(\cos\vartheta)$$

und die Orthogonalitätsrelation

$$\int_{-1}^{+1} P_{J'}^{M'}(\cos\vartheta)\, P_{J''}^{M'}(\cos\vartheta)\, d(\cos\vartheta) = \frac{2}{2J'+1}\, \frac{(J'+M')!}{(J'-M')!}\, \delta_{J'J''} .$$

für die $P_J^M(\cos\vartheta)$.

b) Ebenso für die σ-Polarisation, d.h.

$$\Delta M = \pm 1, \quad \Delta J = \pm 1 \quad \text{mit} \quad P_x = P \sin\vartheta \cos\varphi ,$$
$$P_y = P \sin\vartheta \sin\varphi, \qquad P_\pm = P_x \pm i P_y = P \sin\vartheta\, e^{\pm i\varphi} .$$

C. Die Schwingungsenergie zweiatomiger Molekeln

7. Der harmonische Oszillator

Wird die Molekel auf einen Nichtgleichgewichtsabstand $r \neq r_e$ gebracht und dann losgelassen, so führt sie *Schwingungen* um die Gleichgewichtslage aus, die mathematisch identisch sind mit der Bewegung eines Massenpunktes mit der reduzierten Masse (2.11) im Zentralkraftpotential $P(r)$ um den Punkt $r - r_e = 0$. Die *Schrödinger*-Gleichung ist also gegeben durch (p = Impuls)

$$\left(\frac{p^2}{2m} + P(r)\right)\psi^{\text{vibr}}(x) = W^{\text{vibr}} \cdot \psi^{\text{vibr}}(x), \tag{7.1}$$

wobei vorübergehend $r - r_e = x$ und $p = -i\hbar d/dx$ gesetzt ist. Ihre Lösungen $\psi^{\text{vibr}}(x)$ sind identisch mit den Teilzuständen $\psi^{\text{vibr}}(r)$ in (2.13/14). Wir behandeln zunächst die *harmonische Näherung* (3.11) für sehr kleine $x = r - r_e$:

$$P(r) = \tfrac{1}{2} k x^2 = \tfrac{1}{2} m \omega^2 x^2. \tag{7.2}$$

Dabei ist die Federkonstante k ausgedrückt durch die klassische Schwingungsfrequenz

$$\omega = 2\pi\nu = \sqrt{k/m}. \tag{7.3}$$

Die *Schrödinger*-Gleichung (7.1) mit (7.2) hat eindeutige endliche und für $x \to \infty$ verschwindende, d.h. physikalisch sinnvolle Lösungen ψ^{vibr} nur für die *Eigenwerte*

$$W^{\text{vibr}} = W(v) = \hbar\omega(v + \tfrac{1}{2}). \tag{7.4}$$

Dabei hat die *Schwingungsquantenzahl* v den Wertevorrat

$$v = 0, 1, 2, \dots, \tag{7.5}$$

und die Größe des *Schwingungsquants* $\hbar\omega$ ist durch die klasisssche Schwingungsfrequenz festgelegt. Größere Schwingungsenergie bedeutet anschaulich demnach größere Schwingungsamplitude bei gleicher Frequenz (Aufgabe 10.4). Die tiefste Energie (bei $v = 0$) ist nicht Null, sondern die *Nullpunktsenergie*[1]

$$W(0) = \hbar\omega/2, \tag{7.6}$$

[1] So genannt, weil sie am absoluten Nullpunkt $T = 0\,\text{K}$ noch „angeregt" bleibt.

die höheren Schwingungsniveaus liegen äquidistant im Abstand $\hbar\omega$ (Abb. 7.1).

Die Existenz der Nullpunktsenergie folgt letztlich aus der Unschärferelation. Bei $W = 0$ würde nämlich die Molekel im Gleichgewichtsabstand ruhen, d.h. es müßte gleichzeitig scharf $x = 0$ und $p_x = 0$ sein, was mit (A 46.3) nicht vereinbar wäre.

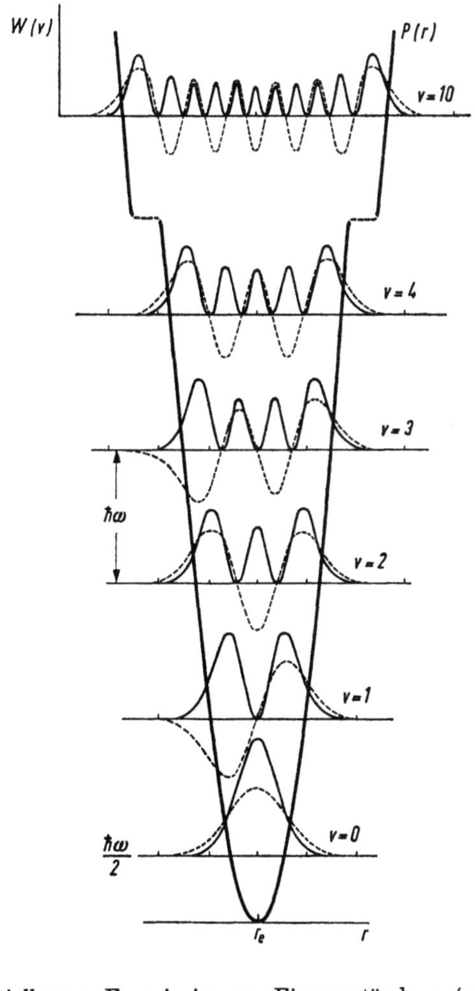

Abb. 7.1. Potentialkurve, Energieniveaus, Eigenzustände $\psi_v(r - r_e)$ (gestrichelte Kurven) und Aufenthaltswahrscheinlichkeiten $|\psi_v(r - r_e)|^2$ (ausgezogene Kurven) eines harmonischen Oszillators. Nach [1].

Die normierten *Eigenzustände* des Oszillators sind

$$\psi^{\text{vibr}}(x) = \psi_v(x) = \left(\frac{m\,\omega}{\hbar\,\pi}\right)^{1/4} \left(\frac{1}{2^v \cdot v!}\right)^{1/2} H_v(y)\,\mathrm{e}^{-y^2/2}\,, \qquad (7.7)$$

wobei die

$$H_v(y) = (-1)^v\,\mathrm{e}^{y^2} \frac{d^v}{dy^v}\,\mathrm{e}^{-y^2} \qquad (7.8)$$

die *Hermite*schen Polynome sind, und zur Abkürzung

$$\left(\frac{m\,\omega}{\hbar}\right)^{1/2} \cdot x = y \qquad (7.9)$$

gesetzt wurde. Die Zustände sind abwechselnd gerade und ungerade zur Gleichgewichtslage: es ist

$$\psi_v(-x) = (-1)^v\,\psi_v(x)\,, \qquad (7.9')$$

und die niedrigsten Polynome sind

$$\begin{aligned} &H_0 = 1\,, && H_3 = (2y)^3 - 6(2y)\,, \\ &H_1 = 2y\,, && H_4 = (2y)^4 - 12(2y)^2 + 12\,, \qquad (7.10) \\ &H_2 = (2y)^2 - 2\,, && H_5 = (2y)^5 - 20(2y)^3 + 60(2y)\,, \text{ usw.} \end{aligned}$$

$|\psi_v(x)|^2\,dx$ ist die Wahrscheinlichkeit, die Molekel in einem Kernabstand zwischen $x = r - r_e$ und $x + dx$ anzutreffen. Diese Funktionen sind in Abb. 7.1 auf der Höhe der zugehörigen Energieniveaus aufgetragen. Sie haben v Nullstellen im Innern der Parabel $P(r)$, ihren höchsten Wert nahe an der Parabel (mit Ausnahme der Nullpunktschwingung, für die $|\psi_0(x)|^2$ maximal bei $r = r_e$ ist) und endliche Werte auch außerhalb der Parabel.

Nach der klassischen Physik würde die Molekel nur durch das Innere der Parabel schwingen (der repräsentative Massenpunkt durch die Parabel gleiten) und auf der Parabel umkehren. Hier wäre die Aufenthaltswahrscheinlichkeit, da die Geschwindigkeit Null ist, am größten, beim Durchgang durch $r = r_e$ am kleinsten. Die quantentheoretische Kurve nähert sich diesem Verhalten um so besser an, je größer die Quantenzahl v ist (Bohrsches Korrespondenzprinzip, siehe A Ziffer 16). Dabei ist die Gesamtenergie $W(v)$ klassisch in jedem Augenblick die Summe aus der potentiellen Energie $P(r)$ und der kinetischen Energie $W(v) - P(r)$; quantentheoretisch ist nur $W(v)$ scharf definiert.

Division durch hc führt von den Energien (7.4) zu den *Schwingungstermen*[2]

$$W(v)/hc = G(v) = \omega_e(v + \tfrac{1}{2}). \qquad (7.11)$$

[2] Konventionelle Bezeichnungen.

Dabei ist die *Schwingungskonstante*

$$\omega_e = \hbar\omega/hc = \nu/c = \tilde{\nu} \tag{7.12}$$

die Wellenzahl zu der klassischen Schwingungsfrequenz (7.3).

8. Der anharmonische Oszillator

Für große Schwingungsamplituden $x = r - r_e$ müßte man jetzt die *Schrödingergleichung* (7.1) mit dem wahren $P(r)$ nach Abb. 2.2 lösen, was in geschlossener Form nicht durchführbar ist. Statt dessen gehen wir von der mathematisch durchgeführten Näherung des harmonischen Oszillators aus und entwickeln die *Eigenwerte* oder besser gleich die *Terme* des anharmonischen Oszillators nach Potenzen von $(v + \frac{1}{2})$[1]:

$$W(v) = \hbar\omega(v + \tfrac{1}{2}) - x_e\hbar\omega(v + \tfrac{1}{2})^2 + y_e\hbar\omega(v + \tfrac{1}{2})^3 + \cdots, \tag{8.1}$$

$$\frac{W(v)}{hc} = G(v) = \omega_e(v + \tfrac{1}{2}) - x_e\omega_e(v + \tfrac{1}{2})^2 + y_e\omega_e(v + \tfrac{1}{2})^3 + \cdots. \tag{8.2}$$

Dabei sind die *Anharmonizitätsfaktoren* x_e und y_e kleine Zahlen,

$$y_e \ll x_e \ll 1\,, \tag{8.3}$$

die experimentell bestimmt werden müssen. Nur in ganz seltenen Fällen sind noch höhere Glieder experimentell zugänglich, im allgemeinen liefert schon das quadratische Glied eine gute Näherung. Das negative Vorzeichen dieses Gliedes ist leicht verständlich: mit wachsendem v wächst die Schwingungsenergie, d.h. die Amplitude, die Molekel schwingt also durch ein im Mittel flacheres Potential. Damit wird die mittlere Federkraft, das heißt die Schwingungsfrequenz und damit das Schwingungsquant kleiner als im harmonischen Grenzfall. Die anzubringende Korrektur muß also negativ sein und prozentisch um so mehr ausmachen, je größer v wird. Das wird vom Ansatz (8.1/2) erfüllt. In der Nähe der Dissoziation ($r \to \infty$) wird die rücktreibende Kraft und damit das Schwingungsquant (der Termabstand) verschwindend klein: die Schwingungsterme *konvergieren* gegen die *Dissoziationsgrenze*, wie in Abb. 8.1 dargestellt.

Wird die Molekel durch eine äußere Einwirkung (z.B. einen Stoß) auf einen so kleinen Kernabstand gebracht, daß dabei die potentielle Energie

---

[1] Das Verfahren ist also das schon beim Übergang zum unstarren Rotator benutzte: entwickelt wird nach Potenzen einer Quantenzahl, die jeweils nur im mathematisch durchführbaren Grenzfall definiert ist! — Analog können die *Eigenzustände* des anharmonischen nach denen des harmonischen Oszillators entwickelt werden.

größer wird als die Dissoziationsarbeit (anschaulich: etwa Punkt B beim Kernabstand r_B, Abb. 8.1), so fliegen die Atome der Molekel mit der kinetischen Energie

$$W_{\mathrm{kin}} = W_B - D_e \tag{8.3'}$$

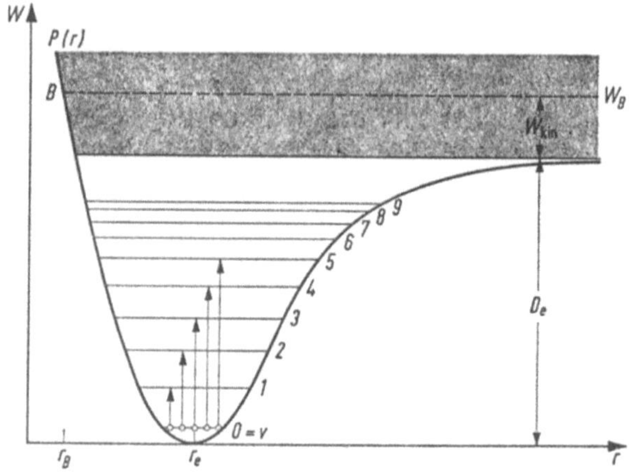

Abb. 8.1. Termschema des anharmonischen Oszillators. Die Schwingungsniveaus $G(v)$ konvergieren gegen das Dissoziationsgrenzkontinuum. An der Konvergenzstelle ist $\Delta G(v_k) = G(v_k + 1) - G(v_k) = 0$. Das Energieschema ist in das Innere der Potentialkurve gezeichnet, man beachte aber, daß die Schwingungen nach rechts und links über diesen Bereich hinausführen. Vom Kernabstand $r = r_B$ aus Dissoziation mit der kinetischen Energie W_{kin}. Absorptionsübergänge von $v = 0$ nach $v = 1, 2, \ldots$.

auseinander. Die kinetische Energie eines nicht gebundenen Zustandes ist nicht gequantelt, d.h. jede Energie W_{kin} ist erlaubt, oberhalb von $W = D_e$ ist das Energieschema kontinuierlich. Dieser Bereich heißt das *Dissoziationsgrenzkontinuum.*

Der über eine Schwingung gemittelte *Kernabstand* eines anharmonischen Oszillators nimmt wegen der Unsymmetrie der Potentialkurve mit steigender Schwingungsenergie zu:[2]

$$\langle r(v+1)\rangle > \langle r(v)\rangle > \cdots r_e \tag{8.4}$$

im Gegensatz zum harmonischen Oszillator, dessen über eine Schwingung gemittelter Kernabstand unabhängig von der Schwingungsenergie gleich $\langle r\rangle = r_e$ ist. Hiervon werden wir gleich Gebrauch machen.

[2] Hierauf beruht z.B. die thermische Ausdehnung fester Körper.

9. Der rotierende Oszillator[1]

Wir haben bisher den schwingungslosen Rotator (Ziffern 4/5) und den nicht rotierenden Oszillator (Ziffern 7/8) behandelt. Im allgemeinen ist aber die Bewegung der Kerne eine Überlagerung von Schwingung und Rotation[2] (Ziffer 2). Im thermischen Gleichgewicht z.B. sind immer auch Rotationsterme $B_e J(J+1)$ angeregt, wenn ein Schwingungsterm $\omega_e(v+\frac{1}{2})$ angeregt ist, da für alle Molekeln

$$\omega_e \gg B_e \tag{9.1}$$

gilt: die Schwingungsquanten $hc\omega_e = \hbar\omega$ sind im allgemeinen viel größer als die Rotationsquanten $W(1) = hc \cdot 2B_e$[3]. Das richtige Modell ist also ein *schwingender Rotator*. Sein *Termschema* würde sich einfach durch Addition der Rotationsterme (5.2) und der Schwingungsterme (8.2) ergeben, wenn Rotation und Schwingung voneinander unabhängig wären. Das aber ist nicht der Fall. Zum Beispiel ist wegen (9.1) die klassische Schwingungsfrequenz viel größer als die klassische Rotationsfrequenz, d.h. während einer Rotation erfolgen mehrere Schwingungen. Die Rotation „sieht" also einen über die Schwingung gemittelten Kernabstand, d.h. auch ein mittleres Trägheitsmoment $\langle\Theta\rangle = \langle mr^2\rangle$, das nach (8.4) mit wachsender Schwingungsenergie (wachsendem v) zunimmt

$$\langle\Theta(v+1)\rangle > \langle\Theta(v)\rangle > \cdots > \Theta_e\,. \tag{9.2}$$

Einsetzen dieser Mittelwerte anstelle von Θ_e gibt kleinere Rotationskonstanten $B_v < B_e$, die wir nach Potenzen von $(v+\frac{1}{2})$ entwickeln. Es genügt, das lineare Glied mitzunehmen, so daß

$$B_v = \frac{\hbar}{4\pi c\langle\Theta(v)\rangle} = B_e - \alpha(v+\tfrac{1}{2}) + \cdots \tag{9.3}$$

mit einer Konstanten

$$\alpha \ll B_e\,. \tag{9.4}$$

Es ist wegen der Nullpunktsschwingung auch $B_0 \neq B_e$, nämlich

$$B_0 = B_e - \alpha/2\,. \tag{9.5}$$

Ferner ist zu berücksichtigen, daß die Fliehkraft eine um so stärkere Dehnung verursacht, je kleiner die ihr entgegenwirkende Federkraft $F(r)$ ist,

---

[1] Oder: der schwingende Rotator, was dasselbe ist.

[2] Die Translation des Schwerpunktes interessiert hier nicht.

[3] Umgekehrt kann deshalb die Rotation angeregt sein, ohne daß die Molekel schwingt.

d.h. je größer der mittlere Kernabstand, d.h. je größer $(v+\frac{1}{2})$ ist: es ist also die Dehnungskonstante D_e zu ersetzen durch

$$D_v = D_e + \beta(v+\tfrac{1}{2}) + \cdots \qquad (9.6)$$

mit einer Konstanten

$$\beta \ll D_e \qquad (9.7)$$

und

$$D_0 = D_e + \beta/2 + \cdots. \qquad (9.8)$$

Die Rotationsterme (5.2) werden also durch die Schwingung geändert.

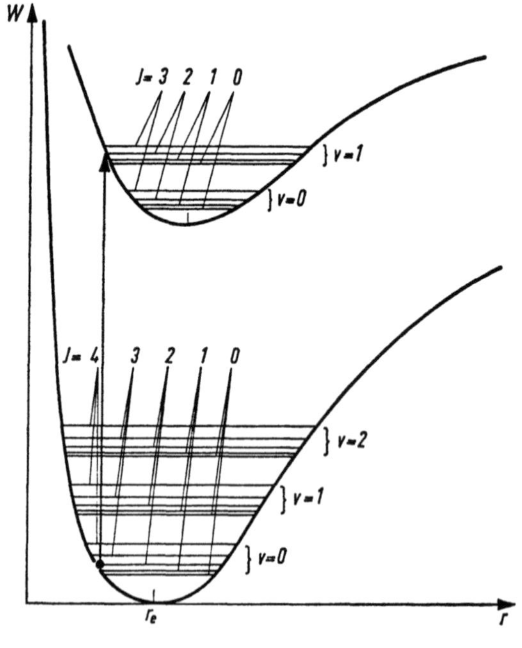

Abb. 9.1. Rotationsschwingungsniveaus im Elektronengrundzustand und in einem angeregten Elektronenzustand. Es sind jeweils nur die niedrigsten Schwingungs- und Rotationsniveaus gezeichnet. Übergänge zwischen den Niveaus im Elektronengrundzustand liefern das Rotationsschwingungsspektrum (Ziffer 10), Übergänge zwischen den Niveaus verschiedener Elektronenzustände das Bandenspektrum (Ziffer 14) der Molekel. Ein solcher Übergang in Absorption ist eingezeichnet.

Umgekehrt wird auch die Schwingung von der Rotation beeinflußt, da die von J abhängende Fliehkraft sich der Federkraft $F(r)$ überlagert und somit die Schwingungsfrequenz verändert. Da diese Änderung im allgemeinen aber kleiner ist als die experimentelle Ungenauigkeit, kann man sie vernachlässigen.

Wir erhalten also die *Rotationsschwingungsterme* (kubische Glieder vernachlässigt)

$$\begin{aligned} T(v,J) &= G(v) + F(v,J) \\ &= \omega_e(v+\tfrac{1}{2}) - x_e\omega_e(v+\tfrac{1}{2})^2 + B_v J(J+1) - D_v[J(J+1)]^2 \end{aligned} \tag{9.9}$$

oder

$$\begin{aligned} T(v,J) = {} & \omega_e(v+\tfrac{1}{2}) - x_e\omega_e(v+\tfrac{1}{2})^2 + B_e J(J+1) - D_e[J(J+1)]^2 \\ & - \alpha J(J+1)(v+\tfrac{1}{2}) + \beta[J(J+1)]^2(v+\tfrac{1}{2}) \,. \end{aligned} \tag{9.10}$$

Die Glieder in der letzten Zeile bringen den Einfluß der Schwingung auf die Rotation zum Ausdruck. Das Termschema ist in Abb. 9.1 dargestellt.

10. Das Rotationsschwingungsspektrum

Wir setzen jetzt voraus, daß die Molekel polar ist, d.h. daß sie ein elektrisches Dipolmoment besitzt, das sich während der Rotation und während der Schwingung periodisch ändert. Dann wird bei den Übergängen zwischen den Termen des rotierenden Oszillators das sogenannte *Rotationsschwingungsspektrum* emittiert oder absorbiert. Es enthält die Wellenzahlen (Spektrallinien)

$$\tilde{\nu} = T(v',J') - T(v'',J'') \,, \tag{10.1}$$

d.h., wenn die Dehnungsglieder wegen ihrer Kleinheit hier fortgelassen werden, nach (9.9)

$$\begin{aligned} \tilde{\nu} = {} & \omega_e(v'-v'') - x_e\omega_e[(v'+\tfrac{1}{2})^2 - (v''+\tfrac{1}{2})^2] \\ & + B_{v'} J'(J'+1) - B_{v''} J''(J''+1) \,. \end{aligned} \tag{10.2}$$

Für *elektrische Dipolstrahlung* erlaubt sind nur die Übergänge, die die *Auswahlregeln*[1]

$$\Delta J = J' - J'' = \pm 1 \tag{10.3}$$

(siehe 6.2) und

$$\Delta v = v' - v'' = 0, \pm 1, \pm 2, \ldots \tag{10.4}$$

erfüllen. Bei einem Übergang mit $\Delta v = 0$ verschwindet die erste Zeile von (10.2), d.h. wir bekommen das reine *Rotationsspektrum* in einem Schwingungszustand der Quantenzahl $v' = v'' = v$. Ein bei Zimmertem-

---

[1] Und gleichzeitig $\Delta M = 0$ (π-Polarisation) und $\Delta M = \pm 1$ (σ-Polarisation).

peratur in Absorption gemessenes Rotationsspektrum gehört zum Schwingungsgrundzustand $v = 0$, da höhere Schwingungszustände nur schwach angeregt sind. Aus ihm wird die *Rotationskonstante* B_0 bestimmt (nicht B_e, wie mit dem Modell des nicht schwingenden Rotators in Ziffer 6 berechnet wurde). Aus B_0 kann B_e nach (9.5) berechnet werden, wenn α bestimmt worden ist.

Für die übrigen nach (10.4) erlaubten Schwingungsübergänge schreiben wir wegen der Konvention[2] $v' > v''$ die Auswahlregel in der Form

$$\Delta v = v' - v'' = 1, 2, \dots . \tag{10.5}$$

Wenn der Oszillator harmonisch wäre ($x_e = 0$), wäre nur $v' - v'' = 1$ erlaubt (siehe Aufgabe 10.1), die höheren Übergänge $v' - v'' = 2, 3, \dots$ treten nur nach Maßgabe der Anharmonizität, d.h. mit geringer Intensität auf.

Wenn wir vorübergehend die Rotation vernachlässigen, d.h. $J' = J'' = 0$ setzen, liefert (10.2) die *reinen Schwingungsübergänge*

$$\tilde{\nu}(v', v'') = (\omega_e - x_e \omega_e)(v' - v'') - x_e \omega_e (v'^2 - v''^2) . \tag{10.6}$$

Das erste Glied ist bei weitem am größten, es liefert mit (10.5) die Wellenzahlen der *Grundschwingung* und der durch die Anharmonizität erzwungenen *Oberschwingungen* mit Vielfachen der Wellenzahl $\omega_e - x_e \omega_e$. Wegen des zweiten Gliedes rücken die Oberschwingungen näher zusammen (siehe Abb. 8.1). Tabelle 10.1 zeigt das für die am leichtesten beobachtbaren Übergänge vom Schwingungsgrundzustand $v'' = 0$ aus (in Abb. 8.1 eingezeichnet). Man erkennt, daß die Abnahme der Abstände

Tabelle 10.1. Konvergenz der reinen Schwingungsübergänge eines anharmonischen Oszillators vom Schwingungsgrundzustand aus

Übergang $v'' \to v'$	Wellenzahl der Übergänge $\tilde{\nu}(v'' \to v')$	Abstand der Übergänge $\Delta\tilde{\nu}(v'' \to v')$	Abstandsänderung $\Delta(\Delta\tilde{\nu}(v'' \to v'))$
$0 \to 0$	0		
		$\omega_e - 2x_e \omega_e$	
$0 \to 1$	$\omega_e - 2x_e \omega_e$		$-2x_e \omega_e$
		$\omega_e - 4x_e \omega_e$	
$0 \to 2$	$2\omega_e - 6x_e \omega_e$		$-2x_e \omega_e$
		$\omega_e - 6x_e \omega_e$	
$0 \to 3$	$3\omega_e - 12x_e \omega_e$		$-2x_e \omega_e$
		$\omega_e - 8x_e \omega_e$	
$0 \to 4$	$4\omega_e - 20x_e \omega_e$		

[2] Seite 17, Fußnote 1.

konstant gleich $-2x_e\omega_e$ ist. Die Anharmonizitätskonstante $x_e\omega_e$ könnte also aus dieser „*Bandenkonvergenz*" experimentell bestimmt werden, was wieder die Bestimmung der *Schwingungswellenzahl* ω_e aus den $\tilde{\nu}(v', v'')$ ermöglichen würde. Leider ist aber das skizzierte reine Schwingungsspektrum nicht beobachtbar, da unsere Voraussetzung $J' = J'' = 0$ der Übergangsregel $J' - J'' = \pm 1$ widerspricht: rotationsfreie reine Schwingungslinien kommen nicht vor. Sie lassen sich aber aus der ***Rotationsstruktur*** der Schwingungsbanden ableiten, der wir uns jetzt zuwenden, indem wir die nach der Auswahlregel (10.3) vorkommenden Rotationsübergänge in (10.2) berücksichtigen.

Wegen der zwei Vorzeichen in der Auswahlregel (10.3) gibt es zwei *Rotationszweige*[3]. Der *P-Zweig* enthält alle Rotationsübergänge mit $J' - J'' = -1$, der *R-Zweig* die Übergänge mit $J' - J'' = +1$. Die Spektrallinien[4] haben also die folgenden Wellenzahlen mit $J = 0, 1, 2, \ldots$: im P-Zweig $(J' = J,\ J'' = J + 1)$

$$\begin{aligned}\tilde{\nu}_P(J) &= \tilde{\nu}(v', v'') + B_{v'}J(J+1) - B_{v''}(J+1)(J+2)\\ &= \tilde{\nu}(v', v'') - 2B_{v''}(J+1) - (B_{v''} - B_{v'})J(J+1) \qquad (10.7)\end{aligned}$$

und im R-Zweig $(J' = J + 1,\ J'' = J)$

$$\begin{aligned}\tilde{\nu}_R(J) &= \tilde{\nu}(v', v'') + B_{v'}(J+1)(J+2) - B_{v''}J(J+1)\\ &= \tilde{\nu}(v', v'') + 2B_{v''}(J+1) - (B_{v''} - B_{v'})(J+1)(J+2)\,. \qquad (10.8)\end{aligned}$$

Wird zunächst jeweils das letzte Glied vernachlässigt, das nur von der Größe der Differenz der Rotationskonstanten in den beiden Schwingungszuständen ist, so liegen die Rotationslinien in jedem Zweig äquidistant mit dem Abstand $2B_{v''}$, und zwar der P-Zweig auf der langwelligen, der R-Zweig auf der kurzwelligen Seite der reinen Schwingungslinie[5] $\tilde{\nu} = \tilde{\nu}(v', v'')$, die selbst nicht vorkommt. Die Äquidistanz wird zerstört durch die letzten Glieder in (10.7/8), die alle Linien nach derselben Seite verschieben, aber zunehmend weit mit wachsendem J. Nach (9.3) ist

$$B_{v''} - B_{v'} = \alpha(v' - v'') > 0\,, \qquad (10.9)$$

d.h. die Linien des P-Zweiges rücken mit wachsendem J nach niedrigen Wellenzahlen auseinander, die des R-Zweiges konvergieren nach höheren Wellenzahlen gegen eine *Kante*, an der „der Zweig umkehrt", wenn das negative Glied in (10.8) bei großen J anfängt zu überwiegen. Abb. 10.1

---

[3] Konventionelle Bezeichnungen.

[4] Alle diese Linien zusammen heißen die „Rotationsstruktur der $(v'' \to v')$-Schwingungsbande" oder „die $(v'' \to v')$-Rotationsschwingungsbande".

[5] Auch Null-Linie genannt.

gibt die zu erwartende *Rotationsstruktur* einer *Rotationsschwingungsbande*, Abb. 10.2 ein experimentelles Beispiel.

Die Gleichungen (10.7/8) enthalten drei voneinander unabhängige Konstanten der Molekel: die reine Schwingungswellenzahl $\tilde{\nu}(v', v'')$ nach (10.6) und die Rotationskonstanten $B_{v'}$ und $B_{v''}$, oder, mit (9.3), B_e und α. Zu ihrer Bestimmung genügt im Prinzip die genaue Messung der Wellenzahlen von 3 Linien, jedoch werden immer so viele Linien wie möglich vermessen und die Konstanten so bestimmt, daß alle Wellenzahlen von den Gl. (10.7/8) im Mittel am genauesten wiedergegeben werden

Auf die *Grundschwingungsbande* des HCl (Abb. 10.2) angewandt, ergibt dies Verfahren für HCl^{35} die Werte

$$\tilde{\nu}(1, 0) = \omega_e - 2x_e\,\omega_e = 2885{,}9 \quad \mathrm{cm}^{-1}$$

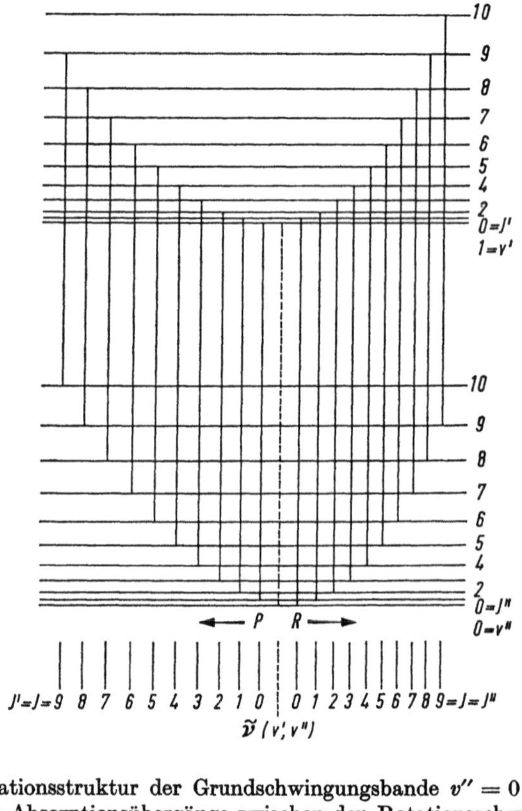

Abb. 10.1. Rotationsstruktur der Grundschwingungsbande $v'' = 0 \rightarrow v' = 1$ und die zugehörigen Absorptionsübergänge zwischen den Rotationsschwingungstermen einer polaren Molekel. J-Werte wie in Gleichungen (10.7/8).

$$B_0 = B_e - \alpha/2 \quad = \quad 10{,}440\ \mathrm{cm}^{-1}$$
$$B_1 = B_e - 3\alpha/2 \quad = \quad 10{,}137\ \mathrm{cm}^{-1},$$

woraus die Rechengrößen des Modells

$$B_e = (3\,B_0 - B_1)/2 = 10{,}591\ \mathrm{cm}^{-1}$$
$$\alpha = \quad B_0 - B_1 \quad = \quad 0{,}303\ \mathrm{cm}^{-1}$$

folgen. Aus B_0 und B_e folgen wieder die Kernabstände

$$r_0 = 1{,}2838 \cdot 10^{-8}\ \mathrm{cm}$$

und die Rechengröße

$$r_e = 1{,}2746 \cdot 10^{-8}\ \mathrm{cm}\,.$$

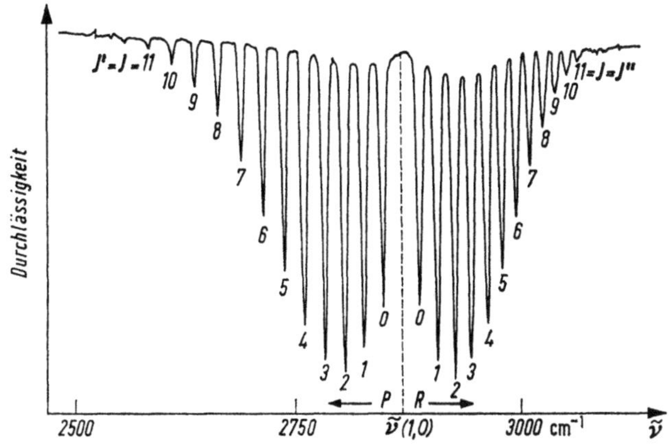

Abb. 10.2. Grundschwingungsbande $v'' = 0 \rightarrow v' = 1$ des HCl. J-Werte nach Gleichungen (10.7/8). Die fehlende reine Schwingungslinie $J'' = 0 \rightarrow J' = 0$ würde bei $\tilde{\nu}(1{,}0) = 2885{,}9\ \mathrm{cm}^{-1}$ liegen. Ordinate: Durchlässigkeit einer Küvette mit NaCl-Fenstern, die Luft und technisches HCl-Gas enthält. Die Spektren der Isotopenmolekeln HCl^{35} und HCl^{37} sind nicht getrennt. Die Kante des R-Zweiges ist aus Intensitätsgründen nicht zu sehen. Aufnahme: Physikpraktikum, TH Darmstadt.

Die aus dem reinen Rotationsspektrum ermittelten (Ziffer 6; dort mit den Modellgrößen B_e, r_e identifizierten) Konstanten stimmen, wie es sein muß, innerhalb der Meßgenauigkeit mit B_0 und r_0 überein.

Die Analyse der Rotationsstruktur der *Oberschwingungen* $v'' = 0 \rightarrow v' = 2, 3, \ldots$ liefert die Rotationskonstanten B_2, $B_3, \ldots$ sowie die Schwingungskonstanten ω_e und $x_e\,\omega_e$. Zum Beispiel ist für HCl^{35}

$$\tilde{\nu}(2,0) = 2\,\omega_e - 6\,x_e\,\omega_e = 5668{,}0\ \mathrm{cm}^{-1}$$
$$\tilde{\nu}(3,0) = 3\,\omega_e - 12\,x_e\,\omega_e = 8347{,}0\ \mathrm{cm}^{-1}\,,$$

woraus mit dem oben angegebenen Wert von $\tilde{\nu}(1,0)$ die Konstanten

$$\omega_e = 2989{,}0 \ \ \mathrm{cm}^{-1}$$
$$x_e\,\omega_e = \ \ 51{,}65\,\mathrm{cm}^{-1}$$

folgen. Die Rotationsschwingungsbanden liegen also im kurzwelligen Ultrarot, während die Rotationsbanden (Ziffer 6) im langwelligen Ultrarot liegen. Aus ω_e und der reduzierten Masse $m = 1{,}63 \cdot 10^{-24}$ g wiederum folgt mit (7.3/12) der Wert für die Federkonstante

$$k = 4\pi^2\, m\, c^2\, \omega_e{}^2 = 4{,}8 \cdot 10^2\,\mathrm{Nm}^{-1}.$$

Die Schwingungsdauer ist nach (7.12) gleich

$$T = \nu^{-1} = (c\,\omega_e)^{-1} = 1{,}17 \cdot 10^{-14}\,\mathrm{s}.$$

Die charakteristische *Intensitätsverteilung* in einer Absorptions-Rotationsschwingungsbande (Abb. 10.2) kommt durch das Gegeneinanderwirken zweier Effekte zustande: Mit wachsendem J gehen die Übergänge von höher angeregten, also im thermischen Gleichgewicht weniger besetzten *Zuständen* aus, die Intensität müßte also abnehmen. Die Rotationsterme sind aber $2J+1$-fach entartet, da alle Zustände mit $M = J, J-1, \ldots, -J$ energetisch zusammenfallen. In einem Übergang zwischen zwei Termen J' und J'' können also mehrere, maximal $(2J'+1)\cdot(2J''+1)$ Übergänge zwischen zwei Zuständen $J'M'$ und J'', M'' enthalten sein. Von diesen absorbieren aber nur diejenigen mit $\Delta M = M' - M'' = 0, \pm 1$ elektrische Dipolstrahlung. Die Anzahl dieser erlaubten Übergänge nimmt mit wachsendem J zu. Die Überlagerung beider Effekte gibt die beobachtete Intensitätsverteilung.

Zum Schluß prüfen wir das Modell noch einmal durch Vergleich von Molekeln, in denen ein Atom durch ein isotopes ersetzt ist. Da sich Isotope nur durch die Masse unterscheiden, ist für *isotope Molekeln* die Potentialkurve in allen Einzelheiten dieselbe. Kennt man also z.B. das Spektrum von HCl^{35}, so läßt sich das Spektrum von DCl^{35} oder auch HCl^{37} oder DCl^{37} vorhersagen und diese Vorhersage experimentell prüfen. Wir bestimmen zunächst die Schwingungsenergie.

Ist $m(2)$ die reduzierte Masse des schwereren, $m(1)$ die des leichteren Isotops, so verhalten sich wegen der Gleichheit der Kräfte die klassischen Frequenzen wie

$$\frac{\tilde{\nu}(2)}{\tilde{\nu}(1)} = \frac{\omega_e(2)}{\omega_e(1)} = \sqrt{\frac{m(1)}{m(2)}} = \varrho < 1 \tag{10.10}$$

und es ist

$$\omega_e(2) = \varrho\,\omega_e(1)\,. \tag{10.11}$$

Das Anharmonizitätsglied $x_e\omega_e(1)$ würde demnach einfach in

$$x_e\,\omega_e(2) = \varrho\, x_e\,\omega_e(1)$$

übergehen, wenn sich die Anharmonizität der Potentialkurve in beiden Fällen gleich auswirken, der Faktor x_e also ungeändert bleiben würde. Das ist aber nicht der Fall. Denn wegen der kleineren Frequenz der schwereren Molekel ist auch die Schwingungsenergie, die ja in erster Näherung durch $(v + \frac{1}{2})\,\hbar\,\omega(2)$ gegeben ist, kleiner als bei der leichten Molekel. Das heißt aber, die Schwingungsamplitude ist kleiner und somit kommt die schwerere Molekel nicht so weit in den flachen Teil der Potentialkurve wie die leichte. Der Anharmonizitätsfaktor ist also auch kleiner. Man setzt näherungsweise ($\varrho < 1$)

$$x_e(2) = \varrho\, x_e(1) < x_e(1) \tag{10.12}$$

und erhält so den *Schwingungsterm*

$$\begin{aligned} G_2(v) &= \omega_e(2)\,(v + \tfrac{1}{2}) - x_e(2)\,\omega_e(2)\,(v + \tfrac{1}{2})^2 \\ &= \varrho\,\omega_e(1)\,(v + \tfrac{1}{2}) - \varrho^2 x_e(1)\,\omega_e(1)\,(v + \tfrac{1}{2})^2 \,. \end{aligned} \tag{10.13}$$

Auf die *Rotationsenergie* wirkt die Masse über die Trägheitsmomente, die wegen der Gleichheit des Gleichgewichtsabstandes r_e zu der Beziehung

$$\frac{B_e(2)}{B_e(1)} = \frac{m(1)}{m(2)} = \varrho^2 < 1 \tag{10.14}$$

d.h.

$$B_e(2) = \varrho^2\, B_e(1) \tag{10.15}$$

führen. Wegen

$$F_2(J) = B_e(2)\,J\,(J+1) = \varrho^2\, B_e(1)\,J\,(J+1) = \varrho^2 F_1(J) \tag{10.16}$$

rücken die Terme des starren Rotators zusammen. Daran ändert auch der Übergang zum unstarren, schwingenden Rotator nichts. Da der Abstand der Rotationslinien innerhalb einer Bande in erster Näherung durch $2\,B_e$ gegeben ist, ist die Rotationsstruktur im Spektrum der schwereren Molekel enger als die des leichteren.

Mit Hilfe der hier abgeleiteten Beziehungen läßt sich die „*Isotopenstruktur*“ von Rotationsschwingungsspektren widerspruchsfrei deuten (Aufgabe 10.6).

Aufgabe 10.1

Beweise für den harmonischen Oszillator die Auswahlregel $\Delta v = v' - v'' = \pm 1$ für Übergänge mit elektrischer Dipolstrahlung. Berechne hierzu das Matrixelement

$$\langle v' |\, P_x \,| v'' \rangle = \int \psi^*_{v'}(x)\, P_x\, \psi_{v''}(x)\, dx$$

des achsenparallelen elektrischen Dipolmoments

$$P_x = P_e + q\,(r - r_e) = P_e + q\,x$$

mit den Eigenzuständen (7.7). P_e ist das Dipolmoment in der Gleichgewichtslage, $q\,x$ seine Änderung während der Schwingung, auf der die Kopplung mit dem Strahlungsfeld beruht.

Hinweis: Benutze die Orthonormierungsrelation $\langle v' | v'' \rangle = \delta_{v'v''}$ und die Rekursionsformel

$$2y\,H_v(y) = 2v\,H_{v-1}(y) + H_{v+1}(y)\,.$$

Aufgabe 10.2

a) Gib die Anzahl der in einem Übergang mit $J' - J'' = \pm 1$ enthaltenen „Teilübergänge" mit $\Delta M = M' - M'' = 0, \pm 1$ an als Funktion von J' und J'' oder von J (Definition: Gleichungen (10.7/8)).

b) Berechne die Intensitätsverteilung in der HCl-Bande (Abb. 10.2) unter der Voraussetzung, daß jeder Teilübergang nach a) denselben Beitrag zur Intensität liefert, und daß thermisches Gleichgewicht bei $T = 300$ K herrscht.

Aufgabe 10.3

Berechne die Wellenzahl $\tilde{\nu}_R(J_K)$ der Bandenkante des R-Zweiges der Grundschwingungsbande von HCl. Hinweis: berechne zuerst denjenigen Wert J_K von J, bei dem mit wachsendem J die Rotationslinien anfangen, auf der Wellenzahlskala umzukehren.

Aufgabe 10.4

Berechne die klassische Schwingungsamplitude $|r - r_e| = a$ des harmonischen Oszillators durch Gleichsetzen der potentiellen Energie in den Umkehrpunkten mit der Energie $hc\,G(v)$ als Funktion von v, a) allgemein, b) für HCl. Gib die relative Amplitude a/r_e an.

Aufgabe 10.5

Berechne

a) die klassische Fliehkraft einer Molekel als Funktion von J,

b) die dadurch erreichte Dehnung Δr gegen die Federkraft (harmonische Näherung!).

c) Zahlenmäßige Anwendung auf HCl bei $J = 10$ (Abb. 10.2). Gib die relative Dehnung $\Delta r/r_e$ an.

Hinweis: Aufgabe 6.1.

Aufgabe 10.6

a) Gib Formeln an, mit deren Hilfe Isotopenmassen aus Rotationsschwingungsspektren bestimmt werden können.

b) Berechne aus Rotations- und Schwingungskonstanten von HCl^{35} dieselben Konstanten für HCl^{37} und DCl^{35}. Gib die Verschiebung der Rotationsschwingungsbanden an.

D. Die Elektronenenergie zweiatomiger Molekeln

11. Elektronenzustände des Zweizentrensystems

11.1. Drehimpuls-Quantenzahlen

Wir gehen aus von den Elektronenzuständen des *vereinigten Atoms* (AB) ($r = 0$, *Zentralsystem*), für die wir hier *Russell-Saunders*-Kopplung voraussetzen und die wir deshalb nach den *Drehimpulsquantenzahlen* L, S, J und M_L, M_S, M_J klassifizieren (A Ziffer 26). Wir fragen nach den *Elektronenzuständen der Molekel AB* (*Zeizentrensystem*), die beim Auseinanderführen der Kerne auf Abstände $r \approx r_e$ aus den Atomzuständen hervorgehen[1].

Wesentlich dabei ist die Verringerung der *Symmetrie*. Das Zentralsystem hat Kugelsymmetrie, das Zweizentrensystem nur Rotationssymmetrie um die Molekelachse, siehe Abb. 11.1.

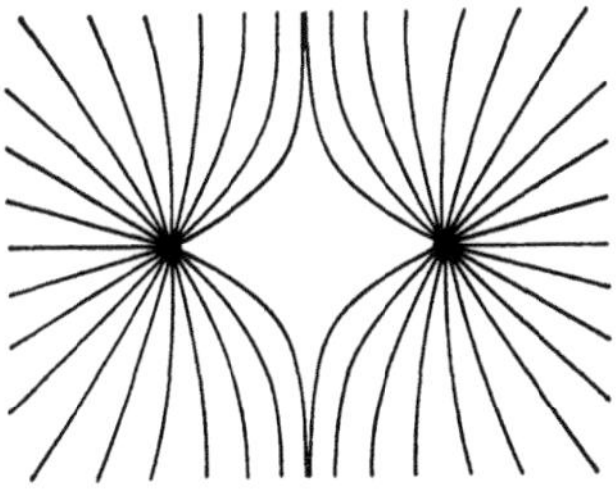

Abb. 11.1. Zweizentrenfeld bei gleichen Kernladungen, $Z_A = Z_B$. Das Bild ist rotationssymmetrisch um die Kernverbindungsachse. Unabhängige Symmetrieoperationen: a) jede Drehung um die Kernverbindungsachse, b) Spiegelung an jeder Ebene durch die Achse, c) Inversion am Ladungsmittelpunkt und damit auch Spiegelung an der zur Achse senkrechten Ebene durch den Ladungsmittelpunkt und Drehung durch $\pm\pi$ um jede Senkrechte zur Molekelachse durch diesen Mittelpunkt. Bei ungleichen Ladungen bleiben nur die Operationen a) und b) bestehen.

---

1 Gedankenexperiment, bei dem die Molekel weder schwingt noch rotiert. Nur der Parameter r wird geändert.

Wie wir schon von der Behandlung eines Atoms in einem äußeren elektrischen oder magnetischen Feld wissen, sind in einem Feld dieser Symmetrie nur noch die achsenparallelen Komponenten, aber nicht mehr die Beträge der Drehimpulse der Elektronenbewegung gequantelt (A Ziffern 29 und 30). Wir vernachlässigen zunächst den *Spin*[2] und betrachten nur die *Bahn*. Bei nur sehr geringfügiger Trennung der beiden zunächst vereinigten Kerne kann das Zweizentrenfeld aufgefaßt werden als Überlagerung des ursprünglichen kugelsymmetrischen starken Zentralfeldes und eines rotationssymmetrischen schwachen Störfeldes. In dem ersten Feld ist der *Bahndrehimpulsvektor* $\boldsymbol{L}$ definiert, in dem zweiten Feld *präzediert* er um die Molekelachse (vgl. A Ziffer 30), und seine *Komponente*

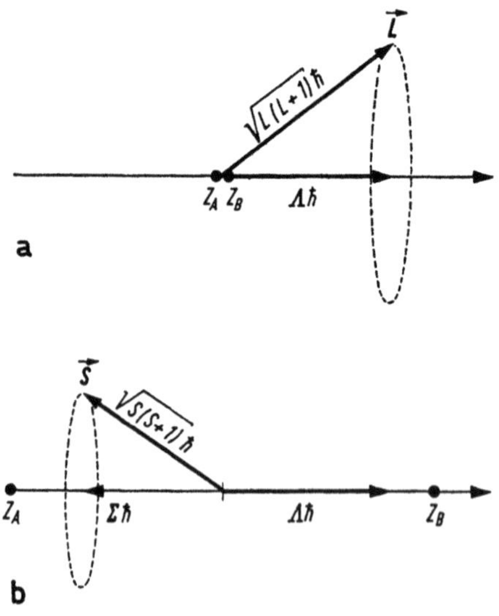

Abb. 11.2a u. b. Definition der achsenparallelen Drehimpulskomponenten a) Bahndrehimpuls $\Lambda\hbar$ durch Präzession von $\boldsymbol{L}$ im elektrischen Feld bei fast vereinigten Kernen, b) Spindrehimpuls $\Sigma\hbar$ durch Präzession von $\boldsymbol{S}$ in dem von $\Lambda\hbar$ erzeugten Magnetfeld bei getrennten Kernen ($r \approx r_e$).

in Achsenrichtung ist Konstante der Bewegung (Abb. 11.2). Es ist also M_L eine gute Quantenzahl, während dies für L nur angenähert gilt, solange das axiale Störfeld noch klein gegen das Zentralfeld ist. Dies ist selbstverständlich bei Kernabständen $r \approx r_e$ nicht mehr der Fall, da sich

[2] Das ist erlaubt, siehe Fußnote 9, Seite 40.

das Zweizentrenfeld vom vereinigten Zentralfeld schon sehr weit entfernt hat. Die Quantenzahl L verliert hier die anschauliche Interpretation durch die Länge eines präzedierenden Drehimpulsvektors[3].

Da das Zweizentrenfeld rein elektrisch ist, hängt die Energie nicht vom Vorzeichen, sondern nur vom Betrag von M_L ab[4], so daß es üblich ist, die Elektronenterme der Molekeln nach den Werten der *Quantenzahl*

$$\Lambda = |M_L| = 0, 1, 2, \ldots, L \tag{11.1}$$

zu klassifizieren. Der *Bahndrehimpuls* um die von A nach B gerichtete Molekelachse hat also die *Eigenwerte*

$$L_{AB} = M_L \hbar = \pm \Lambda \hbar . \tag{11.2}$$

Terme mit $\Lambda = 0, 1, 2, 3, \ldots$ heißen Σ-, Π-, Δ-, $\Phi \cdots$-Terme usw[5]. Ein Σ-Term ($\Lambda = 0$) ist einfach, jeder andere Term wegen der zwei Vorzeichen in (11.2) ($\triangleq$ zwei Zustände mit umgekehrter Umlaufsrichtung der Elektronen) zweifach $\{\pm \Lambda\}$ – entartet[6]. Diese Art von Entartung zweier Zustände, die sich nur durch die Bewegungsrichtung oder, was dasselbe ist, durch die Zeitrichtung unterscheiden, heißt *Kramers*-Entartung (H. A. Kramers 1930).

Im Grenzfall $r \to 0$ des vereinigten Atoms fallen alle $2L + 1$ Zustände (11.2), d.h. alle $L + 1$ Terme (11.1) in einen Term mit der Bahnquantenzahl L des vereinigten Atoms zusammen.

Im Fall $\Lambda > 0$ erzeugt die Elektronenbewegung ein achsenparalleles Magnetfeld, dessen Stärke proportional zu Λ ist. Dieses Feld übt auf den *Gesamtspin* $\boldsymbol{S}$ ein Drehmoment aus, so daß $\boldsymbol{S}$ ebenfalls um die Molekelachse präzediert und seine *achsenparallele Komponente* S_{AB} einen der $2S + 1$-Werte

$$S_{AB} = \Sigma \cdot \hbar = M_S \hbar \tag{11.3}$$

mit

$$\Sigma = M_S = S, S - 1, \ldots, -S \tag{11.4}$$

annimmt[7] (Abb. 11.2). Je nach der Elektronenzahl ist Σ ganz- oder

---

[3] Sie ist aber bei $r = 0$ definiert, und ihr Wert kann deshalb auch bei $r \approx r_e$ im Prinzip als bekannt vorausgesetzt werden, siehe die Abzählung in (11.1).

[4] Vergleiche A Ziffer 30, Stark-Effekt.

[5] Konventionelle Bezeichnung durch griechische Buchstaben, analog zu den Bezeichnungen S, P, D, F, … für Atomterme.

[6] Dies gilt nur, solange die Molekel nicht rotiert, siehe Ziffer 13. Durch Kopplung mit der Rotation der Kerne wird der entartete Elektronenterm aufgespalten (Λ-Verdopplung).

[7] Konventionelle Bezeichnung. Im Gegensatz zu Λ nimmt Σ auch negative Werte an.

halbzahlig. Der *gesamte Elektronendrehimpuls* um die Molekelachse ist also gegeben durch

$$J_{AB} = L_{AB} + S_{AB} = (M_L + M_S)\,\hbar \qquad (11.5)$$

oder, wenn die Richtung der Molekelachse so gewählt wird[8], daß $M_L > 0$ ist, auch

$$J_{AB} = (\Lambda + \Sigma)\,\hbar\,. \qquad (11.6)$$

Im Fall $|\Sigma| > \Lambda$ kann $\Lambda + \Sigma$ auch negative Werte annehmen, d.h. der Gesamtdrehimpuls hat die Gegenrichtung des Bahndrehimpulses.

Zu jedem Wert von Σ gehört ein anderes, zu Σ proportionales *magnetisches Moment* in Achsenrichtung. Seine magnetische Wechselwirkung mit dem Magnetfeld des Bahnumlaufs ist proportional zu Spinmoment mal Feldstärke, d.h. proportional zu $\Lambda\Sigma$:

$$W_{\Lambda+\Sigma} = A\,\Lambda\,\Sigma\,. \qquad (11.7)$$

Diese *Spin-Bahn-Wechselwirkungsenergie* ist klein gegenüber den Energiedifferenzen zwischen Termen mit verschiedenen Werten von Λ, d.h. verschiedenen Bahnbewegungen der Elektronen im elektrischen Zweizentrenfeld[9]. Es ist deshalb sinnvoll, diejenigen Terme, die sich bei vorgegebenen Werten von Λ und S nur durch die verschiedene Einstellung[10] von Spin- und Bahndrehimpuls, also verschiedene Werte von Σ unterscheiden, zu einem *Termmultiplett* zusammenfassen. Nach (11.4) hat ein solches Multiplett $2S+1$ Komponenten, die sich durch den Wert von $\Lambda+\Sigma$ unterscheiden. In voller Analogie zur Schreibweise ${}^{2S+1}L_J$ der Atomterme werden die *Multiplettkomponenten* bei Molekeln durch die Symbole ${}^{2S+1}\Lambda_{\Lambda+\Sigma}$ gekennzeichnet, wobei für Λ die oben genannten Symbole[11] Σ, Π, Δ, ..., für $\Lambda+\Sigma$ und $2S+1$ aber die Zahlenwerte gebraucht werden. Die Zahl $2S+1$ heißt die *Multiplizität.*

Zum Beispiel ergeben $\Lambda = 2$ und $S = 1$ das Triplett mit den Komponenten ${}^3\Delta_3$, ${}^3\Delta_2$, ${}^3\Delta_1$.

Wird jetzt mit $W^{\mathrm{el}}(r)$ die Elektronenenergie ohne Berücksichtigung des Spins bezeichnet (Ziffer 2), so liegen die Multiplettkomponenten bei den *Energien*

$$W^{\mathrm{el}}_{\Lambda+\Sigma}(r) = W^{\mathrm{el}}(r) + W_{\Lambda+\Sigma} = W^{\mathrm{el}}(r) + A\,\Lambda\,\Sigma\,, \qquad (11.8)$$

---

8 Bisher wurde immer die Richtung von A nach B positiv gezählt: r_{AB} (2.9) war Quantisierungsachse.

9 Deshalb durfte oben der Spin zunächst vernachlässigt werden.

10 Durch verschiedene Präzessionswinkel.

11 Σ steht für ein Termsymbol und die Spinquantenzahl, Vorsicht!

d.h. *äquidistant*[12] mit dem Termabstand

$$\Delta W^{\mathrm{el}}_{\Lambda+\Sigma} = W^{\mathrm{el}}_{\Lambda+(\Sigma+1)} - W^{\mathrm{el}}_{\Lambda+\Sigma} = A\,\Lambda\,. \tag{11.8'}$$

Dabei kann die *Spin-Bahn-Kopplungskonstante* A positiv (reguläres Multiplett) oder negativ (verkehrtes Multiplett) sein. Sie hängt von den Kernladungszahlen Z_A und Z_B ab.

Zum Beispiel haben die Hydride der 2. Gruppe des periodischen Systems einen angeregten $^2\Pi$-Term dessen Dublettaufspaltung $\Delta W/hc$ mit $Z_A + Z_B$ stark ansteigt, siehe Tabelle 11.1.

Tabelle 11.1. Dublettaufspaltung bei den Hydriden der 2. Gruppe des periodischen Systems

Molekel	$Z_A + Z_B$	Dublett-aufspaltung cm^{-1}
BeH	5	2
MgH	13	35
CaH	21	80
ZnH	31	330
CdH	49	1001
HgH	81	3684

Oft kommt es nur auf die Größe und nicht auf die Richtung von $(\Lambda + \Sigma)\hbar$ an. Für diese Fälle definiert man die nicht negative *Quantenzahl*

$$\Omega = |\Lambda + \Sigma| \tag{11.9}$$

des *gesamten Elektronendrehimpulses* um die Achse. Jeder Term mit beliebigem Ω (auch $\Omega = 0$) ist zweifach *entartet*, wenn $\Lambda > 0$ ist.

Die ganze hier durchgeführte Diskussion gilt nicht für *Σ-Terme*, da hier wegen $\Lambda = 0$ kein inneres Magnetfeld existiert. Der Spin $\boldsymbol{S}$ ist also kräftefrei, und alle $2S+1$ Spinzustände fallen zusammen. Dies gilt, solange nicht eine Raumrichtung physikalisch ausgezeichnet wird, was durch äußere Felder, aber auch bereits durch die Rotation der Kernhantel bewirkt werden kann (siehe Ziffer 13).

Aufgabe 11.1

Gib die Quantenzahlen M_L, M_S, Λ, Σ, Ω aller nach den angegebenen Regeln bei a) $L = 2$, $S = 3/2$, b) $L = 2$, $S = 1$ möglichen Molekelterme sowie ihre Multiplett-Termsymbole an. Welche Terme sind miteinander entartet? Demonstriere die $\{\pm\Lambda\}$-Entartung (auch bei $\Omega = 0$).

---

[12] Also keine *Landé-Intervallregel* wie bei den Atomen (A Ziffer 26). Auch hier äußert sich unmittelbar die verschiedene Symmetrie.

11.2. Symmetrie der Elektronen-Eigenzustände

Die Elektroneneigenfunktionen können hier nicht vollständig angegeben werden. Trotzdem wollen wir einige *wichtige Symmetriebetrachtungen* durchführen. Dabei sollen die Elektronenspins und auch etwa vorhandene Kernspins zunächst vernachlässigt werden. Wir betrachten also nur die *Bahnbewegung* der Elektronen, d.h. die Eigenzustände $\psi^{\mathrm{el}}(\boldsymbol{r}, \boldsymbol{r}_i)$ aus (2.14/15). Das Zweizentrenfeld und damit die *Schrödinger*-Gleichung (2.6) ist immer (auch bei $Z_A \neq Z_B$) *invariant* gegen folgende beiden Symmetrieoperationen[1]:

a) *Drehung* durch beliebige Winkel α um die Molekelachse, in die wir die z-Achse legen.

b) *Spiegelung* an jeder beliebigen Ebene, die die Achse enthält (Abb. 11.3).

Wenn die beiden Kernladungen gleich groß sind ($Z_A = Z_B$), ist das Zweizentrenfeld zusätzlich auch *invariant* gegen

c) *Inversion* am Mittelpunkt der Kernverbindungslinie[2] (siehe Abb. 11.1).

Für die durch Λ charakterisierten *Bahneigenzustände* folgen hieraus leicht angebbare *Symmetrieeigenschaften* (hier ohne Beweis):

Wegen a) können die Zustände in zylindrischen Elektronen-Koordinaten $(z_i, \varrho_i, \varphi_i)$ wie folgt geschrieben werden ($i = 1, \ldots, N$):

$$\begin{aligned} \psi_{\Lambda}(z_i\, \varrho_i\, \varphi_i) &= \chi_{\Lambda}(z_i\, \varrho_i\, \varphi_i')\, \mathrm{e}^{i\Lambda\varphi_1} \\ \psi_{-\Lambda}(z_i\, \varrho_i\, \varphi_i) &= \chi_{-\Lambda}(z_i\, \varrho_i\, \varphi_i')\, \mathrm{e}^{-i\Lambda\varphi_1} \end{aligned} \qquad (11.10)$$

Dabei enthalten die e-Funktionen nur die Winkelkoordinate φ_1 des ersten Elektrons, die Funktionen χ_{Λ} und $\chi_{-\Lambda}$ nur die relativen Winkelkoordinaten aller übrigen Elektronen in bezug auf das erste ($i = 1$):

$$\varphi_i' = \varphi_i - \varphi_1, \qquad i \neq 1. \qquad (11.11)$$

$\psi_{-\Lambda}$ unterscheidet sich von ψ_{Λ} nur durch die Umkehrung des Vorzeichens aller Winkelkoordinaten φ_i[3], d.h. es ist

$$\begin{aligned} \psi_{-\Lambda}(z_i\, \varrho_i\, \varphi_i) &= \psi_{\Lambda}(z_i\, \varrho_i - \varphi_i) \\ \chi_{-\Lambda}(z_i\, \varrho_i\, \varphi_i') &= \chi_{\Lambda}(z_i\, \varrho_i - \varphi_i'). \end{aligned} \qquad (11.12)$$

---

[1] Das heißt, die Feldverteilung und die *Schrödinger*-Gleichung gehen bei den entsprechenden Koordinatentransformationen in sich über. Die Symmetrieklasse ist $C_{\infty v}$, siehe [26].

[2] Daraus folgt zusammen mit a), daß auch die Mittelsenkrechte auf der Kernverbindungslinie eine Spiegelebene und jede Senkrechte in dieser Ebene auf der Kernverbindungsachse eine zweizählige Drehachse ist, s. Abb. 11.1. Die Punktsymmetrie wird $D_{\infty h}$, siehe [26].

[3] Mit einem Zeitfaktor $\mathrm{e}^{-itW^{\mathrm{el}}/\hbar}$ bedeutet das gerade die Umkehrung des Umlaufssinnes, Abb. 11.3.

Bei *Drehung* durch α um die Achse ($\varphi_1 \to \varphi_1 + \alpha$, $\varphi_i' \to \varphi_i'$) multiplizieren sich diese Zustände mit $e^{i\Lambda\alpha}$ und $e^{-i\Lambda\alpha}$,

$$\psi_{\pm\Lambda}(z_i, \varrho_i, \varphi_i + \alpha) = \chi_{\pm\Lambda}(z_i\,\varrho_i\,\varphi_i')\,e^{\pm i\Lambda(\varphi_1+\alpha)} = e^{\pm i\Lambda\alpha}\,\psi_{\pm\Lambda}(z_i\,\varrho_i\,\varphi_i)\,, \tag{11.13}$$

Das bedeutet, daß $\pm\,\Lambda\hbar$ die *Drehimpulskomponenten* parallel zur Achse sind[4]. Da die Zustände (11.10) bis auf Faktoren in sich übergehen, „haben sie *Drehsymmetrie*".

b) Bei der *Spiegelung* an der zx-Ebene (Abb. 11.3) ($\varphi_1 \to -\varphi_1$, $\varphi_i' \to -\varphi_i'$) geht ψ_Λ nicht in sich, sondern wegen (11.12) in $\psi_{-\Lambda}$ über, und umgekehrt: es ist

$$\psi_{\pm\Lambda}(z_i\,\varrho_i - \varphi_i) = \chi_{\mp\Lambda}(z_i\,\varrho_i\,\varphi_i')\,e^{\mp i\Lambda\varphi_1} = \psi_{\mp\Lambda}(z_i\,\varrho_i\,\varphi_i)\,. \tag{11.14}$$

Die Zustände (11.10) „haben also *keine Spiegelungssymmetrie*". Sie kehren bei Spiegelung den Drehsinn um, genau so wie die klassische Umlaufsbewegung (Abb. 11.3). Jeder der beiden Zustände geht, wie es sein muß, nach zweimaliger Spiegelung wieder in sich über (Eindeutigkeitsbedingung).

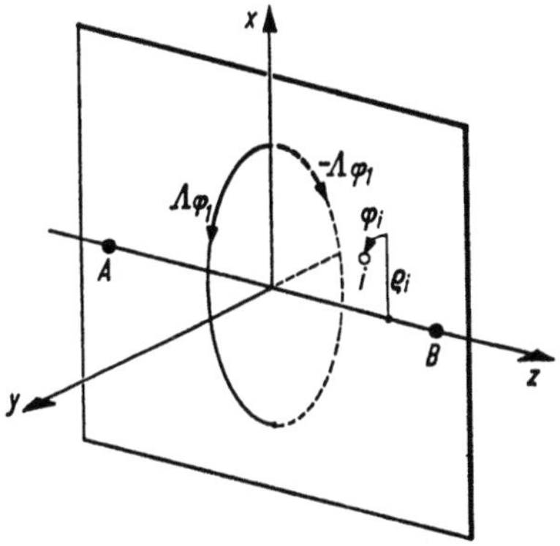

Abb. 11.3. Spiegelung an einer beliebigen Ebene durch die Achse kehrt die Richtung des Elektronenumlaufs(-drehimpulses) um: der Zustand $\psi_\Lambda(\varphi) \sim e^{i\Lambda\varphi}$ geht über in den Zustand $\psi_{-\Lambda}(\varphi) \sim e^{-i\Lambda\varphi}$.

Da die Zustände ψ_Λ und $\psi_{-\Lambda}$ miteinander entartet sind (Ziffer 11.1), ist auch jede Linearkombination aus ihnen wieder Eigenzustand zum gleichen Energieeigenwert W_Λ^{el}. Insbesondere bilden die beiden Kombinationen

$$\psi_\Lambda^+ = (\psi_\Lambda + \psi_{-\Lambda})/\sqrt{2} \tag{11.15a}$$

$$\psi_\Lambda^- = (\psi_\Lambda - \psi_{-\Lambda})/\sqrt{2} \tag{11.15b}$$

ein neues orthonormiertes Paar von Zuständen, ebenfalls mit der Energie W_Λ^{el}. Insofern sind sie dem Paar $\psi_{\pm\Lambda}$ äquivalent. Sie haben aber eine andere Symmetrie:

4 Wie bei den Eigenzuständen des H-Atoms, die den Faktor $e^{im\varphi}$ enthalten und dadurch die Drehimpulskomponente $m\hbar$ parallel z definieren (A Ziffer 21).

Bei der Spiegelung gehen sie, bis auf einen Zahlenfaktor $+1$ oder -1 (oberer Index!) in sich selbst über: es ist wegen (11.14)

$$\psi_\Lambda^+(z_i\,\varrho_i - \varphi_i) = \psi_\Lambda^+(z_i\,\varrho_i\,\varphi_i) \tag{11.16a}$$

$$\psi_\Lambda^-(z_i\,\varrho_i - \varphi_i) = -\,\psi_\Lambda^-(z_i\,\varrho_i\,\varphi_i)\,. \tag{11.16b}$$

Von diesen miteinander entarteten Elektronenzuständen hat also einer *Plus*-, der andere *Minus-Symmetrie gegenüber Spiegelung* an einer die Kerne enthaltenden Ebene. Sie sind aber keine Drehimpulseigenzustände mehr wie ψ_Λ und $\psi_{-\Lambda}$, da sie nach (11.13) bei Drehung um die Molekelachse nicht bis auf einen Faktor in sich übergehen, sondern, anschaulich gesprochen, „genausoviel Drehimpuls rechtsherum $(+\Lambda)$ wie links herum $(-\Lambda)$ enthalten". Trotzdem ist es erlaubt, für die beiden zusammenfallenden Zustände (11.15) die Symbole z.B. Π^+ und Π^- zu verwenden, da die Termsymbole Π, Λ, ... nur den Betrag des Drehimpulses $|\pm\Lambda\hbar|$ angeben, der auch in (11.15) wohl definiert ist.

Diese Überlegungen gelten nur für $\Lambda > 0$. Der Fall $\Lambda = 0$ nimmt eine Sonderstellung ein, da hier Λ und $-\Lambda$ identisch sind. Jeder *Σ-Zustand* ist also *einfach*.

Deshalb hat er *entweder* die Form (11.15a), d.h. mit $\Lambda = 0$

$$\psi_0^+ = (\chi_0(z_i\,\varrho_i\,\varphi_i') + \chi_0(z_i\,\varrho_i - \varphi_i'))/\sqrt{2} \tag{11.17a}$$

die sich bei Spiegelung mit $+1$, *oder* die Form (11.15b), d.h. mit $\Lambda = 0$

$$\psi_0^- = (\chi_0(z_i\,\varrho_i\,\varphi_i') - \chi_0(z_i\,\varrho_i - \varphi_i'))/\sqrt{2} \tag{11.17b}$$

die sich bei Spiegelung mit -1 multipliziert.

Wie man sofort sieht, sind diese Zustände *auch Drehimpulszustände*: bei Drehung durch α um die Kern-Achse geht jeder in sich über, d.h. er multipliziert sich, wie es sein muß, mit $+1 = e^{i\Lambda\alpha} = e^0$. Für Σ-Terme ist also sowohl der Drehimpuls $\Lambda\hbar = 0$ wie die Spiegelungssymmetrie $(+,-)$ durch dieselbe Eigenfunktion (11.17) wohl definiert. Man unterscheidet deshalb Σ^+-Terme und Σ^--Terme, die nicht miteinander entartet sind. — Im Gegensatz dazu sind im Fall von Entartung $(\Lambda > 0)$ die Drehsymmetrie und die Spiegelungssymmetrie nur durch verschiedene Eigenfunktionen (11.10/15) definierbar.

Diese Zusammenhänge sind ein schönes Beispiel für folgenden *allgemeinen Satz*[5]: Einfache Zustände gehen bei *allen* möglichen Symmetrieoperationen (bis auf Phasenfaktoren vom Betrag 1) in sich über[6], entartete Zustände nicht bei allen, aber mindestens bei einer[7]. Dann unterscheiden sich aber zwei miteinander entartete Zustände durch den bei dieser Operation auftretenden Phasenfaktor, d.h. sie haben verschiedene Symmetrie. Umgekehrt können also Zustände völlig gleicher Symmetrie nicht miteinander entartet sein.

---

[5] Näheres siehe in [27].

[6] Sie sind *allen* Symmetrieelementen „angepaßt".

[7] Sie können *mindestens einem* Symmetrieelement (willkürlich) angepaßt werden (man muß dies tun, damit man sie überhaupt eindeutig hinschreiben kann).

c) Wenn die beiden *Kernladungen gleich* groß sind ($Z_A = Z_B$), ist das Zweizentrenfeld zusätzlich auch invariant gegen *Inversion* am Mittelpunkt der Kernverbindungslinie, d.h. die *Schrödinger*-Gleichung (2.6) ist invariant gegen die *Umkehr aller Elektronortsvektoren* ($\boldsymbol{r}_i \to -\boldsymbol{r}_i$); wie aus Abb. 11.1 evident. Diese Symmetrie führt wie bei den Atomen (vgl. A Ziffer 38) zu der Unterscheidung von *geraden* und *ungeraden* Elektronenzuständen, da jeder Drehimpulseigenzustand ψ_Λ bei Inversion bis auf einen Paritätsfaktor $+1$ oder -1 in sich übergeht (hier ohne Beweis):

Es ist

$$\psi_\Lambda(-x_i, -y_i, -z_i) = (-1)^\pi \psi_\Lambda(x_i, y_i, z_i), \tag{11.18}$$

wobei π eine gerade oder ungerade Zahl ist. Im ersten (zweiten) Fall bekommt der Zustand und auch das Termsymbol einen unteren Index g (oder u). Der Charakter g oder u eines Elektronen-Terms heißt seine *Parität*. Zwei miteinander entartete Zustände ψ_Λ und $\psi_{-\Lambda}$ haben dieselbe Parität. Wie bei den Atomen auch (A Ziffer 33e und 38), hat der Spin auf die Parität keinen Einfluß[8]. Zweimalige Durchführung der Inversion führt zum Ausgangszustand zurück.

Es sei noch einmal betont, daß die Paritätsdefinition für Elektronenzustände[9] nur an die Inversionssymmetrie des elektrischen Kernfeldes, d.h. gleiche Kernladungen gebunden ist. Diese liegt vor bei zwei gleichen, aber auch bei zwei isotopen Kernen, also z.B. bei $O^{16}O^{16}$, aber auch bei $O^{16}O^{18}$.

Aufgabe 11.2
Stelle das elektrostatische Potential am Ort $\boldsymbol{r}_i$ mit $|\boldsymbol{r}_i| = R \gg r$ eines Zweizentrensystems aus den Ladungen $Z_A e$ und $Z_B e$ im Abstand r dar als Überlagerung des Potentials des vereinigten Atoms und eines rotationssymmetrischen Potentials.

Aufgabe 11.3
Zeige, daß die Zustände (11.10) Eigenzustände des Operators der Drehimpulskomponente um die z-Achse sind.

Aufgabe 11.4
Welche Information enthalten die Termsymbole ${}^1\Sigma^+$, ${}^1\Sigma_u^+$, ${}^3\Phi_3$, ${}^3\Phi_3^-$, ${}^3\Phi_{g3}^-$?

---

8 Der Spin ist ein Drehimpuls. Er bleibt bei Inversion nach Größe und Richtung erhalten.

9 Außer der Parität des Elektronenzustandes im Zweizentrenfeld wird auch die Parität des Gesamtzustandes einer schwingenden und rotierenden Molekel definiert (Ziffer 12). Also Vorsicht mit dem Wort Parität.

E. Die Gesamtenergie zweiatomiger Molekeln

Wir haben in früheren Abschnitten die Bahnbewegung der Elektronen und die Bewegung der Elektronenspins bei willkürlich fixierten Atomkernen und andererseits die Rotations- und Schwingungsbewegung der Kerne bei vorgegebener Elektronenenergie behandelt. Wir wollen jetzt die genannten Teilbewegungen gleichzeitig zulassen und ihre Wechselwirkung oder Kopplung untersuchen. Mathematisch bedeutet dies die Konstruktion von *Gesamtzuständen* der Molekel aus den vorn abgeleiteten Eigenzuständen für die Teilbewegungen. Diese Aufgabe läßt sich nicht allgemein durchführen, da viele verschiedene *Kopplungstypen* vorkommen (Ziffer 13). Nur die *Symmetrieeigenschaften* der Gesamtzustände sind, da sie nur auf der Geometrie[1] der Molekel beruhen, von der Stärke der inneren Wechselwirkungen unabhängig. Sie behandeln wir deshalb zuerst.

12. Die Gesamtzustände zweiatomiger Molekeln

Wir betrachten ein Modell, in dem zunächst alle Teilbewegungen völlig entkoppelt sind. In dieser Näherung ist ein Gesamtzustand ein *Produktzustand* (2.14), ergänzt durch einen Elektronenspinzustand $\psi^S(\sigma_i)$ und einen Kernspinzustand $\psi^T(\sigma_A, \sigma_B)$, die von den Spinkoordinaten $\sigma_1, \ldots, \sigma_N, \sigma_A, \sigma_B$ abhängen:

$$\psi(\boldsymbol{r}_A\, \sigma_A\, \boldsymbol{r}_B\, \sigma_B\, \boldsymbol{r}_i\, \sigma_i) = \psi^T(\sigma_A\, \sigma_B)\, \psi^S(\sigma_i)\, \psi^{\mathrm{el}}(\boldsymbol{r}, \boldsymbol{r}_i)\, r^{-1}\, \psi^{\mathrm{vibr}}(r)\, \psi^{\mathrm{rot}}(\vartheta, \varphi)\,. \tag{12.1}$$

Ein solcher Zustand hängt von den Orts- und Spinvariablen aller $N+2$ Teilchen ab. Da wir aber die Translation der Molekel vernachlässigen, kommen $\boldsymbol{r}_A$ und $\boldsymbol{r}_B$ nur in inneren Relativkoordinaten, nämlich im Kernabstandsvektor $\boldsymbol{r} = \boldsymbol{r}_B - \boldsymbol{r}_A = (r\, \vartheta\, \varphi)$ und in den Kern-Elektronabstandsvektoren $\boldsymbol{r}_i - \boldsymbol{r}_{\mathrm{A}}$ und $\boldsymbol{r}_i - \boldsymbol{r}_{\mathrm{B}}$ ($i = 1, \ldots, N$) wirklich vor. Zunächst sei ψ^{rot} ein Zustand (4.11) des starren Rotators, ψ^{vibr} ein Zustand (7.7) des harmonischen Oszillators, ψ^{el} eine Lösung (11.10) oder (11.15) der

[1] Die auf der Nichtunterscheidbarkeit gleicher Teilchen beruhende Austauschsymmetrie wird später behandelt, siehe die Ziffern 21, 29, 30.

Schrödinger-Gleichung (2.6) für das Zweizentrenproblem mit fixierten Kernen. Einem Zustandsprodukt (12.1) entspricht in der gleichen Näherung die Energiesumme (2.12)[1], ergänzt durch die Energien der Elektronen- und Kernspins[2]:

$$W = W^T + W^S + W^{\mathrm{el}}(r_e) + W^{\mathrm{vibr}} + W^{\mathrm{rot}} \tag{12.2}$$

wobei W^{rot} durch (4.9), W^{vibr} durch (7.4) und $W^{\mathrm{el}}(r_e)$ durch die Energie im Minimum der jeweiligen (bindenden) Potentialkurve gegeben ist.

Bevor wir die Änderungen von (12.1) und (12.2) infolge der Wechselwirkung der Teilbewegungen behandeln (siehe Seite 49ff.), wollen wir die *Parität eines Gesamtzustandes* untersuchen. Sie ist eine Symmetrieeigenschaft und deshalb von inneren Wechselwirkungen unabhängig, so daß sie mit Hilfe des Produktzustands (12.1) bestimmt werden darf.

Die Parität ist definiert durch das Verhalten von ψ gegenüber Inversion des Koordinatensystems bei festgehaltenen Teilchen oder, was dasselbe ist, bei *Inversion aller Teilchenortsvektoren* in einem festgehaltenen Koordinatensystem, dessen Nullpunkt wir in die Mitte zwischen die beiden Kerne A und B legen[3]. Dann geht bei der Inversion jeder Elektronenortsvektor $\boldsymbol{r}_i$ über in $-\boldsymbol{r}_i$ und $\boldsymbol{r}_A$ in $-\boldsymbol{r}_A$, $\boldsymbol{r}_B$ in $-\boldsymbol{r}_B$, d.h. wegen $\boldsymbol{r}_A = -\boldsymbol{r}_B$: die beiden Kerne vertauschen ihren Platz. Dabei kehrt sich auch die Richtung $\boldsymbol{r}_{AB}$ der Molekelachse um, d.h. ihre Richtungswinkel (ϑ, φ) aus Ziffer 4 gehen über in $(\pi - \vartheta, \pi + \varphi)$. Da *alle* Teilchen invertiert werden[4], handelt es sich hier auch bei ungleichen Kernen um eine Symmetrieoperation, d.h. ψ multipliziert sich mit einem Phasenfaktor, der gleich $+1$ oder -1, allgemein gleich $(-1)^P$ mit $P = 0$ oder 1 sein muß, da nach zweimaliger Inversion die Identität wiederhergestellt ist. Im ersten Fall hat der Zustand ψ *positive*, im zweiten Fall *negative Parität*, gekennzeichnet durch die Symbole $+$ oder $-$ [5].

Man beachte den Unterschied dieser Paritätsdefinition gegenüber derjenigen für den Elektronenzustand ψ^{el} *allein* (Ziffer 11). Dort werden *nur* die Elektronenortsvektoren invertiert, die Kerne aber festgehalten. Dabei geht der Abstand eines Elektrons vom Kern A über in den Abstand vom Kern B, und das ist nur bei gleichen Kernladungen eine Symmetrieoperation. Zur Unterscheidung werden dort

---

1 Die Translationsenergie lassen wir weg.

2 Solange weitere Wechselwirkungen noch vernachlässigt sind, enthalten sie nur die Wechselwirkungsenergien der Elektronenspins untereinander und die der Kernspins untereinander.

3 Selbstverständlich bedeutet das keine Einschränkung der physikalischen Allgemeinheit. Es ist zweckmäßig für eine spätere Anwendung.

4 Jedes Elektron „bleibt bei seinem Kern". Es wird nur ein Linkskoordinatensystem statt eines Rechtssystems benutzt.

5 Diese Symbole haben also leider mehrere verschiedene Bedeutungen, siehe Ziffer 11.

die Symbole g und u und die Bezeichnungen *gerade* und *ungerade* verwendet. Die beiden „Paritäten" haben trotz der gleichen Bezeichnung nichts miteinander zu tun.

Wir berechnen jetzt die *Parität des Gesamtzustandes* aus den Paritäten der entkoppelt gedachten *Teilzustände.*

Von den Faktoren des Produktzustands (12.1) sind drei unabhängig von der Inversion: die *Spinfunktionen* ψ^T und ψ^S weil die Spins Drehimpulse sind und diese bei der Inversion erhalten bleiben, und die *Schwingungsfunktion* $r^{-1}\,\psi^{\text{vibr}}(r)$, weil sie nur vom Betrag, nicht von der Richtung des Kernabstandes abhängt. Diese Funktionen multiplizieren sich mit $+1$. Die *Rotationsfunktion* $\psi^{\text{rot}}(\vartheta\,\varphi)$ multipliziert sich bei Inversion ($\vartheta \to \pi - \vartheta$, $\varphi \to \pi + \varphi$) nach (4.11) mit $(-1)^J$, also mit $+1$, wenn die Rotationsquantenzahl J eine gerade Zahl, und mit -1, wenn J ungerade ist[6]. Bei der Diskussion der *Elektroneneigenfunktion* $\psi^{\text{el}}(\boldsymbol{r}, \boldsymbol{r}_i)$ be-

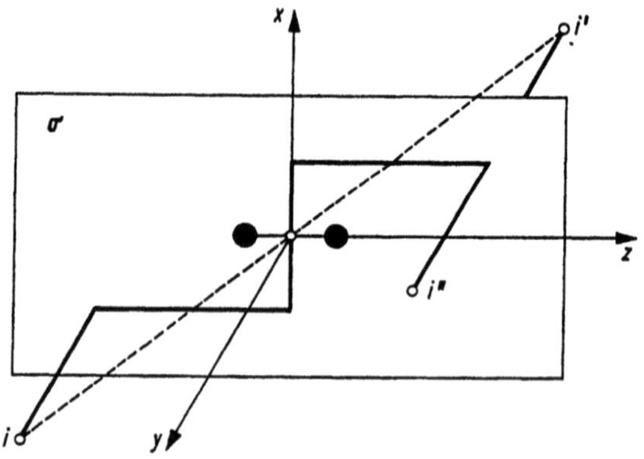

Abb. 12.1. Der Übergang von i nach i' erfolgt entweder durch Inversion am Nullpunkt (gestrichelt) oder durch folgende zwei Schritte: Drehung durch π um die y-Achse ($i \to i''$) und Spiegelung an der σ-Ebene ($i'' \to i'$).

rücksichtigen wir, daß die Inversion nach Abb. 12.1 identisch ist mit der folgenden Operation in zwei Schritten: zuerst Drehung durch $\pm\,\pi$ um eine zur Molekelachse senkrechte Achse durch den Mittelpunkt (y-Achse), dann Spiegelung an der dazu senkrechten Ebene σ durch die Kerne (zx-Ebene). Bei der ersten Operation bleibt die Lage aller Teilchen relativ zueinander ungeändert und damit auch die Eigenfunktion ψ^{el}, da sie nach (2.15) nur von den Relativkoordinaten $\boldsymbol{r}_i - \boldsymbol{r}_A$ und $\boldsymbol{r}_i - \boldsymbol{r}_B$ der Elektronen zu den Kernen abhängt (Ziffer 2). Bei der anschließenden Spiegelung an der Ebene σ ändern sich die Relativkoordinaten, und ψ^{el} multipliziert sich mit einem Faktor[7] $(-1)^s$ mit $s = 0$ bei *Plus-* und $s = 1$ bei *Minus-*

[6] Das folgt aus der Definition der $Y_{JM}(\vartheta\,\varphi)$, siehe z.B. [27].
[7] Buchstaben s nicht verwechseln mit der Spinquantenzahl $s = 1/2$!

symmetrie. Die Parität des Gesamtzustandes folgt also aus

$$(-1)^P = (-1)^{J+s}. \tag{12.3}$$

Ein Term mit $(-1)^P = +1$ heißt *positiv*, mit $(-1)^P = -1$ *negativ*. Bei gegebenem Elektronenzustand, d.h. festem s, sind aufeinanderfolgende *Rotationszustände* abwechselnd positiv und negativ. Das ist in Abb. 12.2 für einen Σ^+-, einen Σ^-- und einen Π-Term dargestellt. Dabei sind üblicherweise die Paritätssymbole + und − des Gesamtzustandes ψ an die einzelnen Rotationsterme des Termschemas geschrieben. Man spricht deshalb etwas unexakt von der *Parität der Rotationsterme* oder von positiven und negativen Rotationstermen. Man beachte, daß bei $\Lambda > 0$ jeweils ein Term mit $(-1)^s = +1$ und ein Term mit $(-1)^s = -1$ bei gleichem J miteinander entartet sind (vgl. Seite 44).

Haben die Kerne *gleiche Ladung* ($Z_A = Z_B$), so hat nach Ziffer 11.2 jeder Elektronenterm für sich noch die *gerade-ungerade-Parität*, und in Abb. 12.2 würde jedes Termsymbol noch einen unteren Index g oder u erhalten, ohne Einfluß auf die positiv-negativ-Parität.

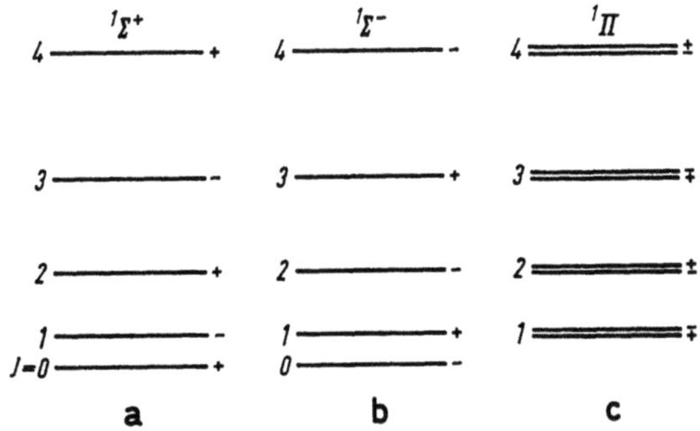

Abb. 12.2a—c. Durch die Gesamtzustände definierte Parität $(-1)^P$ der Rotationsterme (schematisch); a) eines Σ^+-Terms ($\Lambda = 0$, $(-1)^s = 1$); b) eines Σ^--Terms ($\Lambda = 0$, $(-1)^s = -1$); c) eines Π-Terms ($\Lambda = 1$, $(-1)^s = \pm 1$, hier sind die miteinander $\{\pm\Lambda\}$-entarteten Niveaus zur Verdeutlichung getrennt gezeichnet). Die Quantenzahl J mißt den Gesamtdrehimpuls von Elektronen- und Kernbewegung, so daß $J \geqq \Lambda$ ist. Deshalb kommt $J = 0$ in Bild c) nicht vor.

Die Parität des Gesamtzustandes spielt eine wichtige Rolle bei den Auswahlregeln für strahlende Übergänge (Ziffer 14) und bei der Berücksichtigung der Kernspins (Kapitel J).

Denkt man sich jetzt die Kopplung zwischen den Teilbewegungen der Molekel „eingeschaltet", so sind die Gesamtzustände keine Produktzustände (12.1) mehr, können aber nach solchen Produktzuständen in eine Reihe entwickelt werden. Da die Parität $(-1)^P$ dabei ihren Wert (12.3) behält, kommen in einer solchen Reihe nach (12.3) nur Produktzustände mit demselben Wert von $(-1)^{J+s}$ vor. — Im folgenden werden wir auf die Berechnung der Zustände verzichten, die Energieänderungen aber angeben.

Im einzelnen sind folgende Wechselwirkungen zu berücksichtigen:

a) Die Kopplung zwischen Schwingung und Elektronenbewegung. Sie führt zum Modell des in einer Potentialkurve schwingenden anharmonischen Oszillators und ist bereits in den Ziffern 2, 3 und 8 behandelt. Danach bleibt die Energieseparation (12.2) erhalten, wenn für W^{vibr} statt (7.4) die Energie (8.1) eingesetzt wird.

b) Die Kopplung zwischen Schwingung und Rotation der Kerne. Sie führt zum Modell des rotierenden Oszillators und ist bereits in Ziffer 9 behandelt. Danach bleibt die Energieseparation (12.2) erhalten, wenn für W^{rot} statt (4.9) die durch Einführung von (9.3) und (9.6) modifizierte Energie (5.1/2) der unstarren Hantel eingesetzt wird. W^{vibr} bleibt ungeändert[8].

c) Die Kopplung zwischen der Rotation der Elektronen um die Molekelachse, den Elektronenspins und der Rotation der Achse im Raum. Diese Kopplung führt zu den sogenannten *Hund*schen *Kopplungsfällen* und wird in Ziffer 13 behandelt.

d) Die Kopplung zwischen den Kernspins und dem Rest der Molekel. Sie wird in Kapitel J behandelt werden.

13. Die Kopplung der Teildrehimpulse

Wir bezeichnen, wie bei den Atomen auch, den *Gesamtdrehimpuls* einer Molekel mit $\boldsymbol{J}$. Dieser ist scharf gequantelt. Er setzt sich aus den *Teildrehimpulsen* $\boldsymbol{L}$, $\boldsymbol{S}$, $\boldsymbol{N}$ von Elektronenbahn, Elektronenspin und Kernrotation zusammen[1]. Diese sind bei entkoppelten Drehimpulsen scharf, bei schwacher Kopplung angenähert[2], bei starker Kopplung nicht gequantelt. Man hat also verschiedene Kopplungsfälle zu unterscheiden (F. Hund (1927)). Wir beschränken uns hier auf zwei Grenzfälle[3].

13.1. Der symmetrische Kreisel

In diesem Fall (Hunds Fall a) wird $\Lambda > 0$ vorausgesetzt. Ferner soll die bei fixierten Kernen vorhandene und in Ziffer 11 beschriebene Kopplung von $\boldsymbol{L}$ und $\boldsymbol{S}$ an die Molekelachse so stark sein, daß die umlaufenden Elektronen und damit auch die Spins der Achse folgen, wenn diese im Raum rotiert. Die Quantenzahlen Λ und Σ, und damit auch Ω sollen also auch in der rotierenden Molekel noch *gute Quantenzahlen* sein.

Das ist naturgemäß bei starker Spin-Bahn-Kopplung, d.h. großer Kopplungskonstante A in (11.7), d.h. großer Multiplettaufspaltung, also bei schweren Kernen am besten realisiert.

---

[8] Das heißt, es ist für Schwingungs- plus Rotationsenergie der in v und J nicht separierte Term (9.10) zu benutzen.

[1] Die Kernspins werden hier noch vernachlässigt, siehe Kapitel J.

[2] Zur Bedeutung dieser Aussage vgl. A Ziffern 23 und 24.

[3] F. Hund unterscheidet 5 Fälle a) ... e).

Die Berechnung der *Rotationsenergie* erfolgt zweckmäßigerweise in einem mit der Molekel starr verbundenen (1, 2, 3)-Koordinatensystem, dessen Achse 3 in der Molekelachse von A nach B zeigt und dessen Nullpunkt im Schwerpunkt liegt.

Die mit dem Drehimpuls $L_{AB} = \Lambda\hbar$ umlaufenden Elektronen besitzen ein Trägheitsmoment Θ_3 um die Molekelachse, das als Erwartungswert über die Elektronenbewegung bei festgehaltenen Kernen aufzufassen ist:

$$\Theta_3 = \langle \sum_{i=1}^{N} m_e \varrho_i^2 \rangle. \tag{13.1}$$

ϱ_i ist der senkrechte Abstand des i-ten Elektrons von der Achse. Bei der Beschreibung der Rotationsbewegung muß also die bisher als Modell benutzte Hantel ($\Theta_3 = 0$) ersetzt werden durch eine „Hantel mit Elektronenschwungrad". Diese ist ein *symmetrischer Kreisel*, d.h. ein Körper mit einem rotationssymmetrischen Trägheitsellipsoid. Dabei ist Θ_3 wegen der Kleinheit der Elektronenmasse klein gegen das Trägheitsmoment $\Theta_\perp$ um eine Achse in beliebiger Richtung senkrecht zur Molekelachse, zu dem im wesentlichen die schweren Kerne beitragen[4].

Die Rotationsenergie eines Kreisels ist gegeben durch den *Energieoperator*[5]

$$\mathscr{H}^{\text{rot}} = \Theta_1\,\omega_1^2/2 + \Theta_2\,\omega_2^2/2 + \Theta_3\,\omega_3^2/2 = J_1^2/2\,\Theta_1 + J_2^2/2\,\Theta_2 + J_3^2/2\,\Theta_3\,, \tag{13.2}$$

wobei J_1, J_2, J_3 die Komponenten des Gesamtdrehimpulses parallel zu den Hauptträgheitsachsen 1, 2, 3 und Θ_1, Θ_2, Θ_3 die Hauptträgheitsmomente sind. Beim symmetrischen Kreisel ist nach Abb. 13.1

$$\begin{aligned} &\Theta_1 = \Theta_2 = \Theta_\perp\,, \qquad \Theta_3 = \Theta_\parallel\,,\\ &J_1^2 + J_2^2 = J_\perp^2 = \boldsymbol{J}^2 - J_\parallel^2\,,\\ &J_3 = J_\parallel = L_{AB} + S_{AB} = J_{AB}\,, \end{aligned} \tag{13.3}$$

wobei $J_\perp$ der Drehimpulsoperator der Kernrotation[6], $J_\parallel$ derjenige der Elektronenbahn- und Spin-Rotation ist.

Der Energieoperator ist demnach gleich

$$\mathscr{H}^{\text{rot}} = \frac{J_\perp^2}{2\,\Theta_\perp} + \frac{J_\parallel^2}{2\,\Theta_\parallel} = \frac{\boldsymbol{J}^2}{2\,\Theta_\perp} + (L_{AB} + S_{AB})^2 \left(\frac{1}{2\,\Theta_\parallel} - \frac{1}{2\,\Theta_\perp}\right) \tag{13.4}$$

---

[4] Wegen der hohen Umlaufsfrequenz der Elektronen ist ihr *Bahndrehimpuls* aber trotzdem vergleichbar mit dem der Kerne.

[5] Vgl. den Grenzfall $\Theta_3 = J_3 = 0$ der starren Hantel in (4.5).

[6] Auch $\boldsymbol{N}$ genannt, vgl. Ziffer 13.2.

Er hat nach (11.5/6/9) die *Eigenwerte*

$$W^{\text{rot}}(J) = \frac{J(J+1)\hbar^2}{2\,\Theta_\perp} + \Omega^2\hbar^2\left(\frac{1}{2\,\Theta_\parallel} - \frac{1}{2\,\Theta_\perp}\right). \tag{13.5}$$

Da der Betrag des Gesamtdrehimpulses mindestens so groß wie jede Komponente ist, kann J nur die Werte

$$J = \Omega,\ \Omega+1,\ \Omega+2, \ldots \tag{13.6}$$

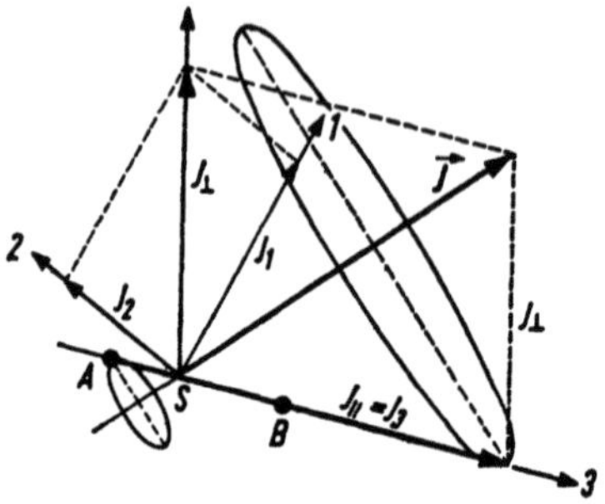

Abb. 13.1. Hunds Kopplungsfall a): der symmetrische Kreisel mit stark an die Molekelachse gekoppeltem Elektronendrehimpuls $J_\parallel = (\Lambda + \Sigma)\hbar = \Omega\hbar$. Langsame Nutation der Molekelachse um den konstanten Gesamtdrehimpuls $\boldsymbol{J}$.

annehmen[7]. J ist ganzzahlig oder halbzahlig, wenn Ω ganz oder halbzahlig, d.h. wenn die Elektronenzahl N gerade oder ungerade ist. Wenn auch noch die Fliehkraftdehnung und die Abhängigkeit der Rotationskonstanten B und D von der Schwingung der Molekel berücksichtigt werden, folgen aus (13.5) die *Rotationsterme*

$$F(v, J) = B_v[J(J+1) - \Omega^2] + C\,\Omega^2 - D_v J^2(J+1)^2 + \cdots. \tag{13.7}$$

Dabei gelten auch hier die Definitionen (9.3) und (9.6), aber an die Stelle von B_e nach (5.3) tritt

$$B_\perp(r_e) = \frac{\hbar}{4\pi c\,\Theta_\perp(r_e)}, \tag{13.8}$$

wobei $\Theta_\perp(r_e)$ auch das Trägheitsmoment der Elektronen um eine auf $\boldsymbol{r}_{AB}$ senkrechte Achse enthält. Es ist also

$$B_v = B_\perp(r_e) - \alpha(v + \tfrac{1}{2}) + \cdots. \tag{13.9}$$

Ferner ist

$$C = \frac{\hbar}{4\pi c\,\Theta_\parallel} \gg B_v. \tag{13.10}$$

---

[7] Deshalb kommt z.B. in Abb. 12.2c der tiefste Term mit $J = 0$ nicht vor!

Das nur von der Elektronenbewegung herrührende, relativ große und von J unabhängige Glied $C\Omega^2$ wird oft mit zur Elektronenenergie gerechnet, die abgesehen hiervon in guter Näherung gleich der Elektronenenergie (11.8) bei fixierten Kernen ist.

Aus der Differenz zweier Rotationsterme im gleichen Elektronenzustand fallen die Glieder mit Ω wieder heraus. Das ist der Grund, weshalb das Modell der starren Hantel bereits genügte, die Rotationsspektren richtig zu beschreiben (Ziffer 6). Bei den Rotationsschwingungsspektren ergeben sich nur geringfügige Korrekturen. Dagegen sind die Glieder mit Ω wichtig bei Übergängen zwischen verschiedenen Elektronentermen, siehe Kapitel F.

Bei der klassischen Modell-Bewegung des Kreisels[8] (Abb. 13.1) bleibt der Drehimpuls $\boldsymbol{J}$ nach Richtung und Größe konstant. Die Molekelachse führt eine Nutationsbewegung um $\boldsymbol{J}$ aus. Die Einführung des Drehimpulses $L_{AB} + S_{AB}$ in (13.3/4) bedeutet, daß die Nutationsfrequenz klein ist gegen die Umlaufsfrequenz der Elektronen. Für $\boldsymbol{J}_\perp = \boldsymbol{N}$, den Drehimpuls der Kernhantel, ist keine eigene Quantenzahl definiert.

13.2. Hunds Fall b: Schwache Spin-Kopplung

Dieser Kopplungstyp ist bei Σ-Zuständen ($\Lambda = 0$, keine Spin-Bahn-Kopplung (11.7)) streng realisiert, aber angenähert auch bei $\Lambda > 0$, sofern die Kopplungskonstante A in (11.7) und damit die Multiplettaufspaltung (11.8′) sehr klein ist, d.h. bei sehr leichten Kernen. In diesem Fall koppeln zuerst die Drehimpulse L_{AB} und $\boldsymbol{N}$ von Elektronenbahn und Kernrotation zu einer Resultierenden $\boldsymbol{K}$, zu der sich dann in zweiter Näherung $\boldsymbol{S}$ einstellt (Abb. 13.2.), so daß $\boldsymbol{J} = \boldsymbol{K} + \boldsymbol{S}$ der Gesamtdrehimpuls ist. Die Quantenzahl Ω ist nicht definiert.

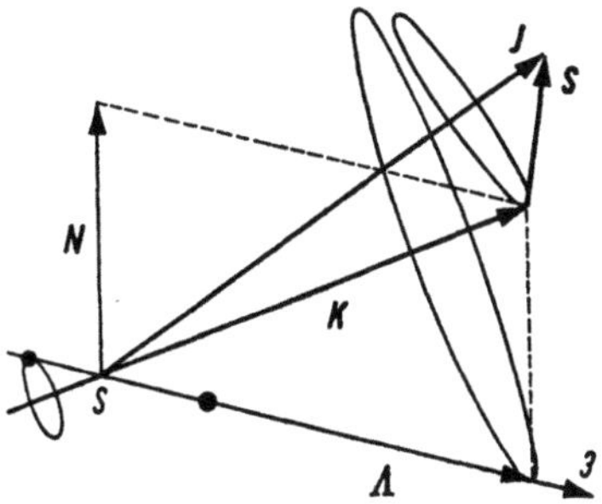

Abb. 13.2. Hunds Kopplungsfall b): schnelle Nutation der Molekelachse unter Mitnahme von $\boldsymbol{N}$ und $\boldsymbol{\Lambda}$ um $\boldsymbol{K}$, langsame Präzession von $\boldsymbol{K}$ und $\boldsymbol{S}$ um den konstanten Gesamtdrehimpuls $\boldsymbol{J}$.

[8] Das heißt: im Vektorgerüst-Modell.

Die klassische Modellbewegung im Vektorgerüst-Modell besteht aus einer Präzession von $\boldsymbol{L}_{AB}$ und $\boldsymbol{N}$ ($\equiv$ Nutation der Molekelachse) um $\boldsymbol{K}$ und einer viel langsameren Präzession von $\boldsymbol{K}$ und $\boldsymbol{S}$ um $\boldsymbol{J}$.

Der Gesamtdrehimpuls $\boldsymbol{J}$ ist scharf gequantelt mit der exakten Quantenzahl J. Unscharf sind auch $\boldsymbol{K}$ und $\boldsymbol{S}$ mit den noch recht guten Quantenzahlen K und S gequantelt. Nach den Regeln der Vektorzusammensetzung (A Ziffer 24) kann J die Werte

$$J = K + S, K + S - 1, \ldots, |K - S| \tag{13.11}$$

annehmen, und K kann nicht kleiner als Λ sein:

$$K = \Lambda, \Lambda + 1, \Lambda + 2, \ldots. \tag{13.12}$$

Die *Rotationsenergie* hängt ab von den *Quantenzahlen*[9] J, Λ und K und zwei Kopplungskonstanten A und γ für die Kopplung des Spins an $\boldsymbol{L}_{AB}$ und an $\boldsymbol{N}$. A mißt die Stärke des mit $\boldsymbol{L}_{AB}$, γ die des mit $\boldsymbol{N}$ verbundenen Magnetfeldes, zu denen beiden sich der Spin $\boldsymbol{S}$ einstellt. Ein Magnetfeld in Richtung von $\boldsymbol{K}$ existiert sogar bei Σ-Termen, obwohl hier $\Lambda = 0$, $\boldsymbol{K} = \boldsymbol{N}$ ist: Bei der Rotation der Molekel um N rotiert die negative Ladung der Elektronen im Mittel auf einem Kreis, dessen Radius von dem des mittleren Radius der positiven Kernladungen verschieden ist. Deshalb kompensieren sich die beiden magnetischen Momente nicht, obwohl die Gesamtladung Null ist. Dies gilt sogar für zwei gleiche Atome.

Aufgabe 13.1
Schreibe für den Kopplungsfall b) den *Hamilton*-Operator und die Energieeigenwerte an im Grenzfall völliger Spinentkopplung ($\Lambda > 0$, aber $A = 0$). Hinweis: Benutze Ziffer 13.1 und A Ziffer 26.

13.3. Übergänge

Die *Hundschen Kopplungsfälle* stellen *idealisierte Grenzfälle* dar, mit denen die wirklichen Molekeln oft nur näherungsweise übereinstimmen.

Zum Beispiel haben wir bei den Kopplungsfällen a) und b) die Wechselwirkung zwischen dem Bahndrehimpuls $\boldsymbol{L}$ der Elektronen und der Kernrotation gleich Null gesetzt und Λ als gute Quantenzahl behandelt, wie bei der fixierten, nicht rotierenden Molekel (Ziffer 11). Das ist bei zunehmender Rotationsenergie nicht mehr erlaubt, da hier das von der Rotation erzeugte Magnetfeld mit dem elektrischen Zweizentrenfeld konkurriert und $\boldsymbol{L}$ von der Achse entkoppelt. Da das Magnetfeld senkrecht auf der Molekelachse steht, hat die Molekel keine Rotationssymmetrie um die Achse mehr, d.h. Λ und $-\Lambda$ sind nicht mehr definiert. Die richtigen, der Kernrotation angepaßten Elektronenzustände sind zwei Linearkombinationen der Zustände (11.10), deren Eigenwerte etwas verschieden sind.

---

[9] Keine Quantenzahl für $\boldsymbol{N}$, da $\boldsymbol{N}^2 = \boldsymbol{K}^2 - \boldsymbol{L}_{AB}^2$.

Die in der ruhenden Molekel $\{\pm \Lambda\}$-entarteten Rotationsniveaus spalten also bei zunehmender Rotationsenergie, d.h. mit wachsender Rotationsquantenzahl J zunehmend weit in zwei Komponenten auf. Diese sogenannte Λ-Verdopplung ist klein, von der Größenordnung 0,1 ... 1 cm^{-1}.

Analog wird bei endlicher Spin-Bahn-Kopplung ($\Lambda > 0$) der Spin $\boldsymbol{S}$, der bei fixierter (nicht rotierender) Molekel an die Achse gekoppelt ist, bei wachsender Rotationsenergie (wachsendem J) von der Achse entkoppelt und an $\boldsymbol{K}$ gekoppelt. Es vollzieht sich also bei derselben Molekel ein Übergang vom Fall a) mit $\Omega = \Lambda + \Sigma$ zum Fall b) mit $\boldsymbol{J} = \boldsymbol{K} + \boldsymbol{S}$.

Insgesamt existieren *Übergänge* zwischen allen 5 Hundschen Kopplungstypen. Ihre Berücksichtigung erlaubt die vollständige *Analyse* der z.T. sehr komplizierten *Bandenspektren*. Wir beschränken uns hier auf *einen* Fall als *Beispiel*, nämlich den des symmetrischen Kreisels (Ziffer 14). Die Behandlung weiterer Kopplungsfälle würde physikalisch nichts Neues ergeben. Solange die Kernspinenergie vernachlässigt werden kann, läßt sich in jedem Kopplungsfall die Gesamtenergie der Molekel analog (2.12) als Summe aus Elektronen-, Schwingungs- und Rotationsenergie schreiben, ein Gesamtterm also als

$$W/hc = T = T^{\text{el}} + G(v) + F(v, J). \tag{13.13}$$

Dabei kann die Form der Terme T^{el}, $G(v)$, $F(v, J)$ noch vom speziellen Kopplungsfall abhängen.

F. Bandenspektren zweiatomiger Molekeln

14. Übersicht und Auswahlregeln

Wir beschränken uns auf das Spektrum eines symmetrischen Kreisels. Bei einem Übergang zwischen zwei Termen (13.13) wird eine Spektrallinie der Wellenzahl

$$\tilde{\nu} = T' - T'' = T'^{\text{el}} - T''^{\text{el}} + G'(v') - G''(v'') + F'(v'J') - F''(v''J'') \\ = \Delta T^{\text{el}} + \Delta G + \Delta F \qquad (14.1)$$

emittiert oder absorbiert. Dabei ist im allgemeinen

$$\Delta T^{\text{el}} \gg \Delta G \gg \Delta F\,. \qquad (14.2)$$

Ändert sich nur der Rotationsterm, d.h. ist $\Delta T^{\text{el}} = \Delta G = 0$, so erhält man das reine *Rotationsspektrum* im langwelligen Ultrarot (Ziffer 6):

$$\tilde{\nu} = F'(J') - F''(J'')\,. \qquad (14.3)$$

Ändert sich auch die Schwingungsenergie und nur die Elektronenenergie bleibt ungeändert[1], so ergibt

$$\tilde{\nu} = G'(v') - G''(v'') + F'(v', J') - F''(v''J'') \qquad (14.4)$$

alle *Rotationsschwingungsbanden* im kurzwelligen Ultrarot (Ziffer 10). Ändert sich auch die Elektronenenergie, so ergibt (14.1) das *Bandensystem* dieses Elektronenübergangs (ΔT^{el}). Es enthält alle Schwingungsbanden (ΔG), jede mit ihrer Rotationsstruktur (ΔF). Wegen (14.2) liegen die Bandensysteme im sichtbaren und ultravioletten Spektralbereich. Die Bandensysteme aller erlaubten Elektronenübergänge zusammen bilden das *Bandenspektrum* der Molekel. — Rotations- und Rotationsschwingungsbanden werden auch im *Raman*-Streuspektrum beobachtet, siehe Kapitel I.

Für Übergänge mit *elektrischer Dipolstrahlung* gelten folgende *Auswahlregeln*:

Für den *Gesamt-Drehimpuls* gilt streng die Regel

$$\Delta J = J' - J'' = 0, \pm 1 \qquad (14.5)$$

[1] In Absorption der Elektronengrundzustand.

außer $J' = J'' = 0$. Der bei Rotationsübergängen der rotierenden Hantel nach (6.2) verbotene Übergang $\Delta J = 0$ wird beim symmetrischen Kreisel erlaubt, weil die um die Molekelachse umlaufenden Elektronen, an denen die Lichtwelle angreift, auch eine Bewegung in Richtung von $\boldsymbol{J}$ ausführen[2].

Bei schwacher Spin-Bahn-Kopplung gelten angenähert noch für den Elektronendrehimpuls die *Bahnauswahlregel*

$$\Delta \Lambda = \pm 1 \tag{14.6}$$

und das *Interkombinationsverbot*

$$\Delta \Sigma = 0 \tag{14.7}$$

in voller Analogie zu den Auswahlregeln (A 33.4/5) für Atome.

Streng gilt immer auch die auf der Inversionssymmetrie beruhende *Paritätsregel*[3]: Übergänge mit elektrischer Dipolstrahlung sind nur erlaubt zwischen Gesamtzuständen entgegengesetzter Parität $(-1)^P$. Das bedeutet für Molekeln mit *beliebigen Kernladungen*, daß Übergänge nur zwischen positiven und negativen Rotationsniveaus (Ziffer 12, S. 49) erlaubt sind:

$$+ \leftrightarrow -\,, \quad + \not\leftrightarrow +\,, \quad - \not\leftrightarrow -\,. \tag{14.8}$$

Bei Molekeln mit *gleichen Kernladungen*, deren Elektronenzustände für sich allein schon die (g, u)-Parität $(-1)^\pi$ besitzen (Ziffer 11), sind alle Übergänge zwischen allen Rotations-Schwingungsniveaus zweier Elektronenterme gleicher Parität verboten:

$$g \leftrightarrow u, \quad g \not\leftrightarrow g\,, \quad u \not\leftrightarrow u\,. \tag{14.9}$$

Aufgabe 14.1
Beweise, daß die Paritätsregeln (14.8) und (14.9) mit der Drehimpulsregel (6.2) für den starren Rotator und (14.5) für den symmetrischen Kreisel verträglich sind.

15. Die Rotationsstruktur der Banden

Schreibt man die Rotationsterme in (14.1) aus, so erhält man mit (13.7)

$$\begin{aligned}\tilde{\nu} = \Delta T^{\mathrm{el}} + \Delta G + B'_{v'} J'(J'+1) - D'_{v'}[J'(J'+1)]^2 + (C' - B'_{v'})\,\Omega'^2 \\ - B''_{v''} J''(J''+1) + D''_{v''}[J''(J''+1)]^2 - (C'' - B''_{v''})\,\Omega''^2\,.\end{aligned} \tag{15.1}$$

Die von den Drehimpulsquantenzahlen

$$\begin{aligned} J' &= \Omega', \Omega' + 1\,, \ldots, \\ J'' &= \Omega'', \Omega'' + 1, \ldots \end{aligned} \tag{15.2}$$

---

[2] Vgl. die Argumentation in A Ziffer 33b.

[3] Beweis analog zu A Ziffer 38 bei Atomen.

unabhängigen Glieder faßt man mit $\Delta T^{\mathrm{el}} = \tilde{\nu}^{\mathrm{el}}$, $\Delta G = \tilde{\nu}(v', v'')$ unter

$$\tilde{\nu}_0 = \tilde{\nu}^{\mathrm{el}} + \tilde{\nu}(v', v'') + (C' - B'_{v'})\,\Omega'^2 - (C'' - B''_{v''})\,\Omega''^2 \qquad (15.3)$$

zusammen. $\tilde{\nu}_0$ ist die *Nullinie* der Bande, in ihrer Nähe liegen die Linien von jetzt *drei Rotationszweigen* nach (14.5), wobei die Übergänge mit $\Delta J = 0$ zum Q-Zweig zusammengefaßt werden: Die Wellenzahlen der Linien sind (bei Vernachlässigung der Fliehkraftdehnung) gegeben durch die folgenden Funktionen der laufenden Quantenzahl J[1]: im P-Zweig $(\Omega' \leqq J' = J\,,\ \Omega'' \leqq J'' = J + 1)$

$$\tilde{\nu}_P(J) = \tilde{\nu}_0 - 2\,B''_{v''}(J+1) - (B''_{v''} - B'_{v'})\,J(J+1) \qquad (15.4)$$

im Q-Zweig $(\Omega' \leqq J' = J = J'' \geqq \Omega'')$

$$\tilde{\nu}_Q(J) = \tilde{\nu}_0 - (B''_{v''} - B'_{v'})\,J(J+1) \qquad (15.5)$$

im R-Zweig $(\Omega' \leqq J' = J+1,\ \Omega'' \leqq J'' = J)$

$$\tilde{\nu}_R(J) = \tilde{\nu}_0 + 2\,B''_{v''}(J+1) - (B''_{v''} - B'_{v'})\,(J+1)\,(J+2) \qquad (15.6)$$

Da die Rotationskonstanten $B''_{v''}$ und $B'_{v'}$ zu zwei verschiedenen Elektronenzuständen (obere Indizes) gehören, deren Potentialkurven verschiedene Gleichgewichtsabstände $r''_e \neq r'_e$ besitzen (Abb. 9.1), kann die in (15.4/5/6) auftretende Differenz $B''_{v''} - B'_{v'}$ nach (13.8/9) und (9.3) beträchtliche positive oder negative Werte

$$B''_{v''} - B'_{v'} = B''_{\perp}(r''_e) - B'_{\perp}(r'_e) - \alpha''(v'' + \tfrac{1}{2}) + \alpha'(v' + \tfrac{1}{2}) \qquad (15.7)$$

annehmen. Das hat zur Folge, daß die Abweichungen von der Äquidistanz (Abstand $2\,B''_{v''}$) der Linien in den Zweigen sehr viel stärker sind als bei den reinen Rotations-Schwingungsspektren nach (10.7/8), die sich aus (15.4/6) als der Grenzfall ohne Änderung der Elektronenenergie ($\tilde{\nu}^{\mathrm{el}} = 0$, keine oberen Indizes an $B_{v'}$, $B_{v''}$) ergeben, und bei denen sich $B_{v'}$ und $B_{v''}$ nur infolge der verschieden großen Schwingungsamplitude gemäß (10.9) unterscheiden. Die Linien des Q-Zweiges (15.5) liegen dicht zusammen, bei $B'_{v'} = B''_{v''}$ würden sie alle mit $\tilde{\nu}_0$ zusammenfallen. Der R-Zweig liegt auf der höherfrequenten, der P-Zweig auf der niederfrequenten Seite von $\tilde{\nu}_0$. $\tilde{\nu}_0$ selbst wird also nicht beobachtet, sondern muß aus den übrigen Linien der Zweige berechnet werden. Die Gleichungen (15.4/5/6) sind Gleichungen von *Parabeln*

$$\tilde{\nu}(J) = a + b\,J + c\,J^2\,, \qquad (15.8)$$

[1] Oft werden alle diese Formeln in Abhängigkeit von J'' geschrieben und es wird dann *immer* $J'' = J$ gesetzt. (15.4) sieht dann anders aus, also Vorsicht, auch bei den Abbildungen.

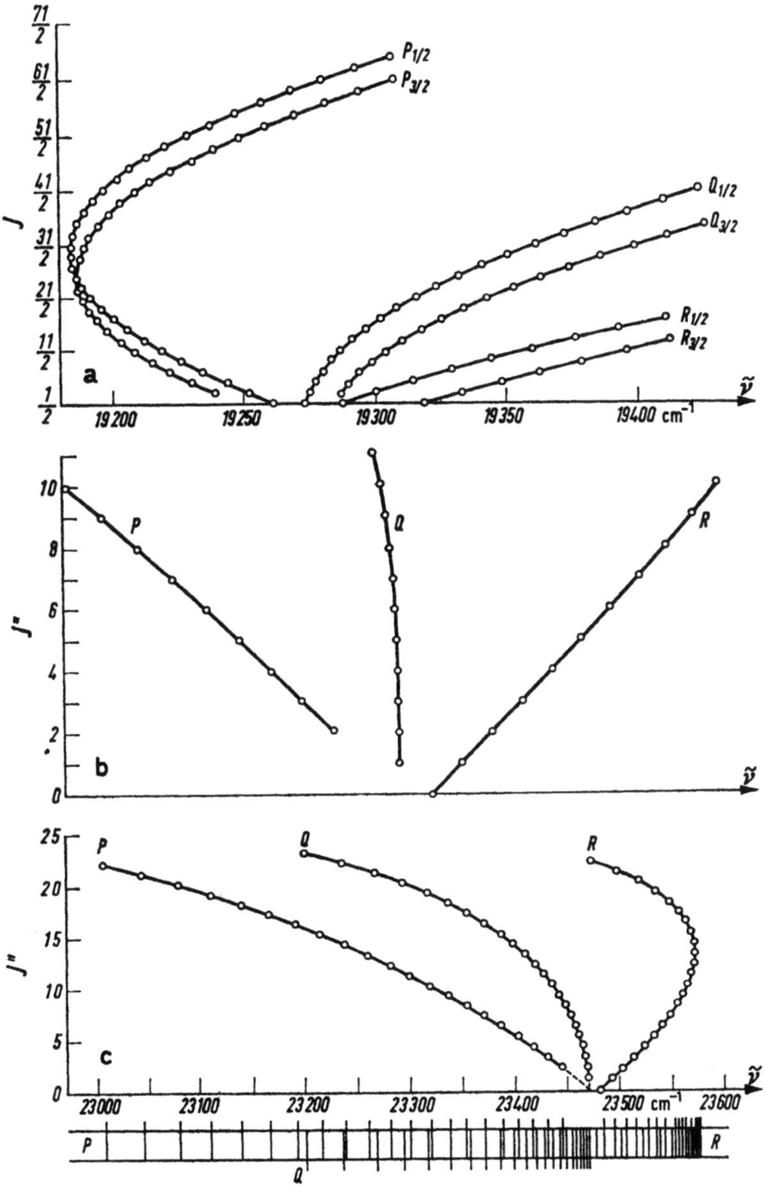

Abb. 15.1a—c. Abhängigkeit der Rotationsstruktur einer Bande vom Kernabstand im oberen (r_e') und unteren (r_e'') Elektronenzustand. Die Spektrallinien ergeben sich durch Projektion der Parabeln auf die $\tilde{\nu}$-Achse (Bild c). a) $r_e'' > r_e'$, P-Kanten, violettschattierte Banden, aufgetragen über J (Definition durch (15.4/5/6)). MgH, $^2\Sigma \leftrightarrow {}^2\Pi$. $P_{1/2}$, $Q_{1/2}$, $R_{1/2}$ gehören zu $^2\Sigma \leftrightarrow {}^2\Pi_{1/2}$; $P_{3/2}$, $Q_{3/2}$, $R_{3/2}$ zu $^2\Sigma \leftrightarrow {}^2\Pi_{3/2}$. $r_e'' = 1{,}7306$ Å, $r_e' = 1{,}6795$ Å. Nach GUNTSCH. b) $r_e'' = r_e'$. Keine Kanten. $^1\Sigma \leftrightarrow {}^1\Pi$, aufgetragen über J''. Nach WEIZEL. c) $r_e'' < r_e'$, R-Kante, rotschattierte Banden, aufgetragen über J''. AlH, $^1\Sigma^+ \leftrightarrow {}^1\Pi$, $v'' = v' = 0$, $r_e'' = 1{,}6459$ Å, $r_e' = 1{,}6466$ Å. Nach BENGTSSON-KNAVE.

die sich durch die Werte der Konstanten a, b, c unterscheiden und die man erhält, wenn man nach FORTRAT für jede Linie den (diskreten) Wert von J über der gemessenen Wellenzahl $\tilde{\nu}$ aufträgt (Abb. 15.1). Der Scheitel der Parabel ergibt sich aus der Forderung

$$\frac{d\tilde{\nu}}{dJ} = b + 2cJ = 0\,, \tag{15.9}$$

d.h. die *Kante* der Bande liegt bei demjenigen (ganz oder halbzahligen, siehe (15.2)) Wert von J, der am nächsten bei

$$J_K = -\frac{b}{2c} \tag{15.10}$$

liegt. Das ist

im P-Zweig

$$J_K^P = -\frac{3B''_{v''} - B'_{v'}}{2(B''_{v''} - B'_{v'})}\,, \tag{15.11}$$

im Q-Zweig

$$J_K^Q = -\tfrac{1}{2}\,, \tag{15.12}$$

im R-Zweig

$$J_K^R = -\frac{3B'_{v'} - B''_{v''}}{2(B'_{v'} - B''_{v''})}\,. \tag{15.13}$$

Da $J_K \gg 0$ sein muß und sowohl $3B''_{v''} - B'_{v'} > 0$ wie auch $3B'_{v'} - B''_{v''} > 0$ ist, hängt die Lage der Kante vom Vorzeichen von $(B''_{v''} - B'_{v'})$ ab, d.h. aber nach (15.7) und (13.8) davon, ob der Elektronengrundzustand oder der angeregte Zustand die größere Rotationskonstante, d.h. die Potentialkurve mit dem kleineren Gleichgewichtsabstand r_e, d.h. die festere Bindung mit der größeren Dissoziationsarbeit D_e besitzt.

Liegt die Kante im P-Zweig, d.h. am langwelligen Ende der Bande, so häufen sich die Linien an der kurzwelligen Seite der Kante, die Bande ist „*violettschattiert*"[2] (Abb. 15.1a). In diesem Fall ist $J_K^P \geqq 0$, d.h. $B''_{v''} < B'_{v'}$, also $r''_e > r'_e$ und wahrscheinlich $D''_e < D'_e$. Der angeregte Elektronenterm hat die festere Bindung.

Liegt die Kante im R-Zweig, d.h. am kurzwelligen Ende der Bande, so ist diese „rotschattiert" (Abb. 15.1c). Es ist $J_K^R \geqq 0$, $B''_{v''} > B'_{v'}$, $r''_e < r'_e$ und wahrscheinlich $D''_e > D'_e$: der Grundzustand ist fester gebunden.

Haben beide Elektronenterme fast gleiche Potentialkurven, so ist $B''_{v''} \approx B'_{v'}$ und die P- oder R-Kante wird erst bei beliebig hohen J-Werten erreicht (Abb. 15.1b).

---

[2] Der Ausdruck „Schatten" stammt von nicht aufgelösten Rotationsstrukturen, siehe Abb. 17.1 und Abb. 18.3.

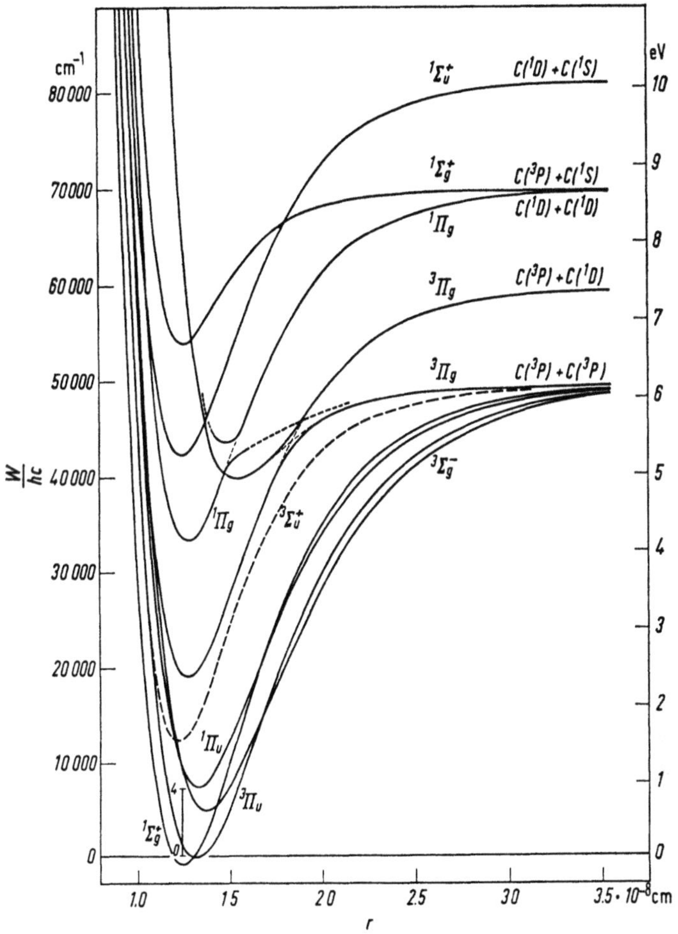

Abb. 15.2. Experimentell bestimmte Potentialkurven von Kohlenstoff C_2. Die Schwingungsniveaus $v = 0, \ldots, 4$ des Grundterms $^1\Sigma_g^+$ sind gekennzeichnet, ebenfalls Stellen, an denen Termkreuzungen wegen gleicher Symmetrie der beteiligten Terme vermieden sind. Nach [29].

Der Q-Zweig hat immer eine Kante bei $\tilde{\nu}_0$, die „Schattierung" ist auf derselben Seite wie bei der P- oder R-Kante.

Wie man sieht, liefert bereits ein Blick auf die „Schattierung" der Banden eines Bandensystems weitgehende Informationen über die Potentialkurven der beiden Elektronenzustände. Die quantitative Analyse der Rotationsstrukturen aller zu dem System gehörenden Banden liefert dann exakte Zahlenwerte für folgende Konstanten:

a) die *Rotationskonstanten* $B'_{v'}$ und $B''_{v''}$ für alle v', v'' und daraus $B'_{\perp}(r'_e)$, $B''_{\perp}(r''_e)$, α', α'' mit (13.9). Hieraus unter Vernachlässigung der Elektronenmassen ($B_{\perp} \approx B_e$) auch die *Kernabstände* r'_e und r''_e.

b) die elektronischen *Drehimpulsquantenzahlen* Ω' und Ω'' aus den kleinsten in den Zweigen vorkommenden J-Werten nach (15.2).

c) aus den Nullinien $\tilde{\nu}_0$ aller Banden[3], mit Kenntnis von Ω' und Ω'', die Konstanten C', C'', die *Schwingungswellenzahlen* ω'_e und ω''_e und die *Anharmonizitätsfaktoren* $x'_e\omega'_e$, $y'_e\omega'_e$ und $x''_e\omega''_e$, $y''_e\omega''_e$ in beiden Potentialkurven sowie den *Wellenzahlenabstand* $\tilde{\nu}^{\mathrm{el}}$ der tiefsten Punkte beider *Potentialkurven*. Einzelheiten über die Schwingungsstruktur eines Bandensystems siehe in Ziffer 16.

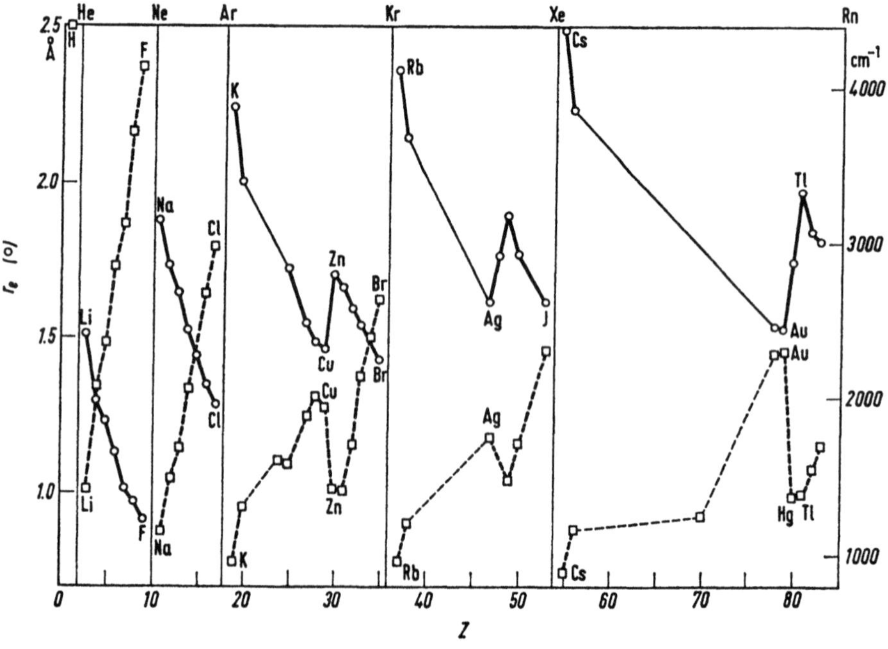

Abb. 15.3. Kernabstand r_e (linke Skala) und Schwingungskonstante ω_e (rechte Skala) in den Grundzuständen der zweiatomigen Hydride AH als Funktion der Ordnungszahl Z_A. Die abgeschlossenen Edelgasschalen sind eingezeichnet. Man erkennt die zunehmende Verfestigung der Molekeln infolge Zunahme von Z_A an der stetigen Abnahme von r_e und Zunahme von ω_e innerhalb einer Periode, den Anbau einer neuen Elektronenschale im A-Atom an der sprunghaften Zunahme von r_e und der sprunghaften Abnahme von ω_e an den Periodengrenzen.

---

[3] Das heißt aus der Schwingungsstruktur des Bandensystems.

Bei manchen Molekeln ist es möglich, Übergänge zu (und zwischen) vielen angeregten Elektronenzuständen anzuregen[4]. Dann erhält man ein vollständiges System aller möglichen *angeregten Potentialkurven* der Molekel. Die Termsymbole (Drehimpulse) ergeben sich dabei aus den Auswahlregeln (14.5—9). Abb. 15.2 gibt als Beispiel die Bindungsterme des C_2, Abb. 15.3 die Kernabstände und Schwingungskonstanten in den Grundzuständen einer Reihe von Hydriden AH. Weiteres siehe auch in Ziffer 16 sowie Abb. 21.1 und Abb. 22.2.

Es ist nützlich, sich zum Vergleich klarzumachen, wie das *Bandensystem* einer rotierenden und schwingenden Molekel *korrespondenzmäßig* nach der klassischen Physik aussehen würde. Den hohen Frequenzen von sichtbarem und ultraviolettem Licht vermögen nur die leichten Elektronen, nicht die schweren Kerne zu folgen. Die um die Molekelachse umlaufenden Elektronen korrespondieren also zu einer klassischen Antenne in einer Ebene senkrecht zur Molekelachse, die mit der Umlauffrequenz und der aus ihrer Bahn folgenden Polarisation strahlt. Wird z.B. senkrecht zur Rotationsebene durch einen Polarisator P beobachtet, der nur parallel PP schwingendes Licht durchläßt (Abb. 15.4), so wird eine von der Antenne abgestrahlte Welle beobachtet, deren Frequenz gleich der Elektronenfrequenz ν^{el} und deren Amplitude A mit der doppelten Rotationsfrequenz $2\nu^{rot}$ der Molekel moduliert ist. Fourier-Analyse der Welle durch einen Spektralapparat gibt die Trägerfrequenz ν^{el} und Seitenbänder im Abstand $\pm 2\nu^{rot}$. Diesen korrespondiert quantentheoretisch die *Rotationsstruktur* der Banden mit den Linienabständen $\pm 2hcB$.

Wenn die Molekel außerdem schwingt, ändert sich mit dem Kernabstand das Kraftfeld, in dem die Elektronen umlaufen, d.h. die Umlaufsfrequenz ν^{el}. Die abgestrahlte Welle ist also mit der Schwingungsfrequenz ν^{vibr} frequenzmoduliert.

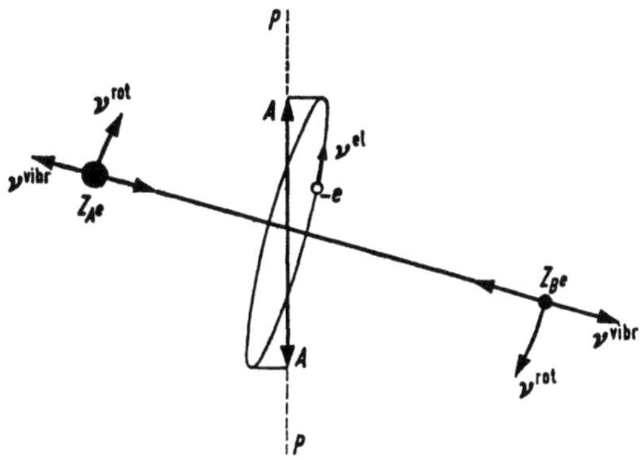

Abb. 15.4. Klassisches Modell für die Entstehung eines Bandenspektrums. PP = Schwingungsrichtung der durch einen Polarisator beobachteten Strahlung. Die strahlende Elektronen-Antenne AA wird durch die Rotation amplitudenmoduliert, durch die Schwingung frequenzmoduliert.

[4] Beispielsweise in einer Gasentladung.

Ein Spektralapparat liefert die Trägerfrequenz ν^{el} und Seitenbänder im Abstand $\pm\,\nu^{\mathrm{vibr}}$. Diesen korrespondiert die *Schwingungsstruktur* des Bandensystems. Diese Betrachtung ist natürlich nur erlaubt, wenn die Elektronenschwingung so lange andauert, daß sie mehrere Rotations- und Schwingungsperioden erlebt, da diese sonst nicht scharf definiert wären. Diese Bedingung ist aber im allgemeinen korrespondenzgemäß erfüllt. Beim HCl z.B. ist die *Lebensdauer* eines angeregten Elektronenterms von der Größenordnung $\tau^{\mathrm{el}} \approx 10^{-8}$ s (Lebensdauer gegenüber Strahlung), die *Schwingungsdauer* ist nach (7.12) gleich

$$\tau^{\mathrm{vibr}} = 1/\nu^{\mathrm{vibr}} = 1/c\,\omega_e \approx 10^{-14}\,\mathrm{s}$$

und die *Rotationsperiode* nach (4.5/9) und Ziffer 6 gleich

$$\tau^{\mathrm{rot}} = 2\pi/\omega^{\mathrm{rot}} = 2\pi\sqrt{\Theta/2h\,cBJ(J+1)} = \frac{1{,}8\cdot 10^{-12}}{\sqrt{J\,(J+1)}}\,\mathrm{s}\,.$$

Es ist also

$$\tau^{\mathrm{el}} \gg \tau^{\mathrm{rot}} \gg \tau^{\mathrm{vibr}}\,. \tag{15.14}$$

Aufgabe 15.1

Bestimme aus den J''-Werten der in Abb. 15.1 b/c wiedergegebenen Banden eines $^1\Pi \leftrightarrow {}^1\Sigma$-Überganges, welcher von beiden Elektronenzuständen der Grundzustand ist. Wie würden die Fortrat-Parabeln liegen, wenn J statt J'' aufgetragen wäre? Hinweis: Definition von J in Gleichungen (15.4/5/6).

16. Die Schwingungsstruktur eines Bandensystems

Die *Schwingungsstruktur* eines Bandensystems wird gegeben durch die Nullinien aller zu einem Elektronenübergang gehörenden Banden. Das sind die Wellenzahlen (15.3) mit

$$\begin{aligned}\tilde\nu(v',v'') = G'(v') - G''(v'') = \omega_e'(v'+\tfrac12) - x_e'\omega_e'(v'+\tfrac12)^2 \\ - \omega_e''(v''+\tfrac12) + x_e''\omega_e''(v''+\tfrac12)^2\,.\end{aligned} \tag{16.1}$$

Wir betrachten im folgenden nur diesen Ausdruck, da die übrigen Glieder in (15.3) nur über kleine Korrekturen an $B_{v'}'$ und $B_{v''}''$ von den Schwingungsquantenzahlen abhängen. Beim Elektronenübergang springt die Molekel von einer Potentialkurve in eine andere mit einem anderen Kraftgesetz. Demnach können die Schwingungskonstanten ω_e und ω_e'' sowie die Anharmonizitätskonstanten $x_e'\omega_e'$ und $x_e''\omega_e''$ in den beiden Zuständen sehr verschiedene Werte haben. Außerdem sind alle Übergänge

$$\Delta v = v' - v'' = 0,\ \pm 1,\ \pm 2,\ldots \tag{16.2}$$

erlaubt. Tatsächlich werden auch sehr viele (bis zu 30) Banden in einem System beobachtet, jedoch nicht mit gleicher Intensität, sondern mit bestimmten typischen Intensitätsverteilungen. Diese werden durch das *Franck-Condon-Prinzip* erklärt.

Nach J. FRANCK (1925) können bei dem spontanen Elektronenübergang die schweren Kerne weder ihren Abstand r noch ihre Geschwindigkeiten merklich ändern. Nach der ersten Bedingung „erfolgt der Elektronensprung im Potentialkurvenschema senkrecht zur Abszisse“, nach

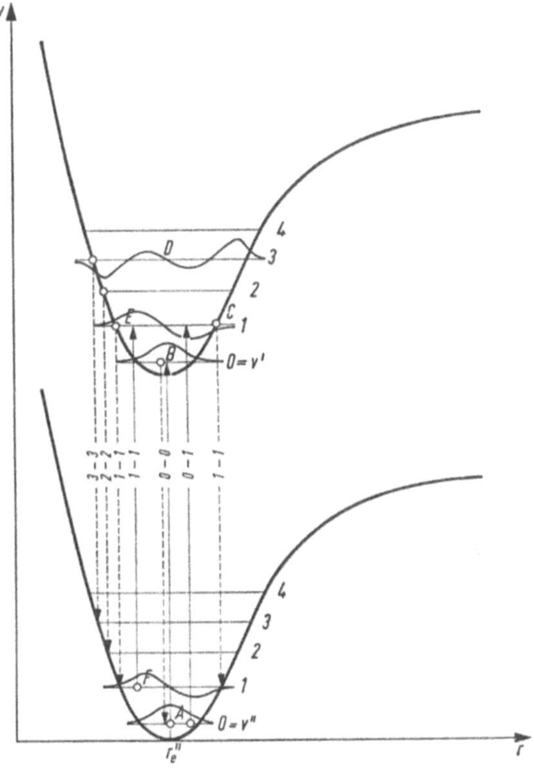

Abb. 16.1a

Abb. 16.1a u. b. Übergänge zwischen den Schwingungsniveaus zweier Elektronenzustände nach dem *Franck-Condon*-Prinzip. Absorptionsübergänge bei Zimmertemperatur ausgezogen, Emissionsübergänge (bei gleich starker Anregung der oberen Schwingungsniveaus) gestrichelt gezeichnet. Eigenfunktionen nur in den untersten Niveaus eingetragen, sonst sind die Übergänge an den Umkehrpunkten der klassischen Schwingungsbewegung gezeichnet. a) fast gleiche Potentialkurven. Die Übergänge $A \leftrightarrow B$ und $E \leftrightarrow F$ erfüllen beide Bedingungen FRANCKs, ein Übergang $A \leftrightarrow C$ würde die Konstanz von r, ein Übergang $A \leftrightarrow D$ die Konstanz der Geschwindigkeit verletzen. b) stark verschobene Potentialkurven. Alle Absorptionsübergänge kommen auch in Emission (außer $v'' = 1 \rightarrow$ Kontinuum, der zur Dissoziation führt).

der zweiten nur zwischen Zuständen gleicher kinetischer Energie. Zum Beispiel ist in Abb. 16.1a ein Übergang $A \rightarrow C$ nach der ersten, ein Übergang $A \rightarrow D$ nach der zweiten Bedingung verboten. Bevorzugt sind Übergänge zwischen übereinanderliegenden Umkehrpunkten zweier Schwingungsniveaus $E \rightarrow F$, da hier die Geschwindigkeiten gleich und sogar gleich Null sind, die Molekel sich also in diesen Zuständen auch am längsten aufhält.

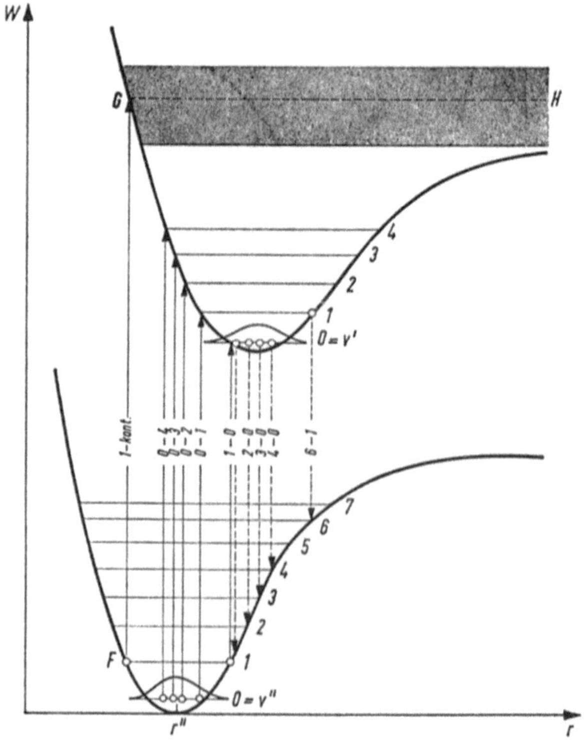

Abb. 16.1 b

Die in dieser klassisch-anschaulichen Vorstellung enthaltene unzulässige Vorstellung einer scharfen Schwingungsbewegung ist von E. U. Condon durch eine quantentheoretische Behandlung beseitigt worden. Abgesehen von einer gewissen Unschärfe bleiben aber die *Franckschen Folgerungen* erhalten. Das soll an folgenden beiden Grenzfällen gezeigt werden:

a) Fast *gleiche Potentialkurven* (Abb. 16.1a). Im thermischen Gleichgewicht bei Zimmertemperatur ist fast nur der Schwingungsgrundzustand $v''=0$ besetzt. In Absorption erscheint mit großer Intensität die Bande $v''=0 \rightarrow v'=0$, daneben werden mit stark abnehmenden Intensitäten die übrigen Glieder $v''=1 \rightarrow v'=1$, $v''=2 \rightarrow v'=2$ der *Bandenfolge* mit $\Delta v=0$ beobachtet sowie $v''=0 \rightarrow v'=1$, usw. Im Emissionsspektrum, z.B. nach Anregung aller Schwingungsterme des oberen Elektronenzustands in einer Gasentladung, erscheinen alle Banden der Folge $\Delta v=0$ mit großer Intensität, und zwar sowohl vom inneren als auch vom äußeren Umkehrpunkt der Schwingungsniveaus aus. Wegen der Ähnlichkeit der Potentialkurven liegen die Banden der Folge auf der Wellenzahlskala ziemlich dicht zusammen (Abb. 16.2a).

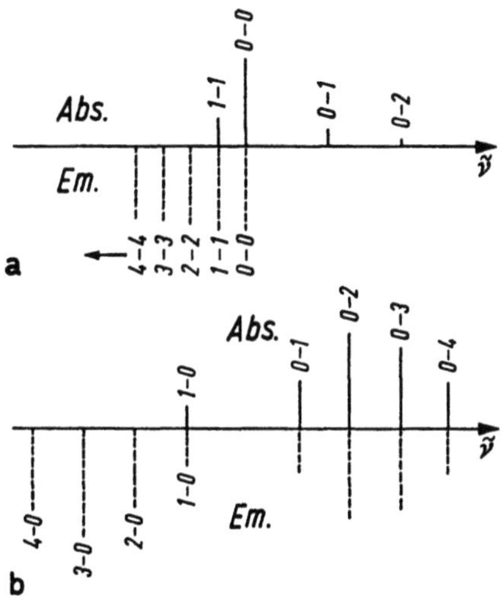

Abb. 16.2a u. b. Schwingungsstruktur und Intensitäten der Bandensysteme nach Abb. 16.1a u. b. a) Hauptsächlich die Bandenfolge $\Delta v=0$ bei fast gleichen Potentialkurven; b) Hauptsächlich die Banden-Serien $v''=0 \rightarrow v'=0,1,2,\ldots$ und $v'=0 \rightarrow v''=0,1,2,\ldots$ bei stark verschobenen Potentialkurven.

b) Stark *verschobene Potentialkurven* (Abb. 16.1b). In Absorption erscheint am intensivsten die Bande $v''=0 \rightarrow v'=2$, daneben kommen schwächer die benachbarten Banden der *Bandenserie* $v''=0 \rightarrow v'=0,1,2,$ ... und noch schwächer die von $v''=1$ ausgehenden Banden der Serie $v''=1 \rightarrow v'=0,1,2,\ldots$, usw. In Emission erscheinen infolge von Übergängen aus den inneren und äußeren Umkehrpunkten der Schwingungsniveaus Banden, die auf der Wellenzahlskala z.T. ziemlich weit auseinanderliegen, aber fast immer leicht als Glieder von Bandenserien zu erkennen sind (Abb. 16.2b).

Die *quantentheoretische Formulierung* des *Franck-Condon-Prinzips* muß sich aus der Berechnung der Übergangswahrscheinlichkeiten zwischen Schwingungsniveaus im oberen und unteren Elektronenzustand ergeben. Es ist also das Matrixelement

$$\langle\psi'|\boldsymbol{P}|\psi''\rangle = \langle\psi'^{\mathrm{el}}(r,\boldsymbol{r}_i)|\boldsymbol{P}|\psi''^{\mathrm{el}}(r,\boldsymbol{r}_i)\rangle\langle r^{-1}\psi_{v'}'^{\mathrm{vibr}}(r-r_e')|r^{-1}\psi_{v''}''^{\mathrm{vibr}}(r-r_e'')\rangle \tag{16.3}$$

des elektrischen Dipolmomentes

$$\boldsymbol{P} = -e\sum_{i=1}^{N}\boldsymbol{r}_i \tag{16.4}$$

der Elektronen[1] zwischen zwei Zuständen ψ' und ψ'' nach (12.1) zu berechnen, wobei wir die hier nicht interessierenden Spin- und Rotationszustände gleich weggelassen haben[2]. Dabei ist das Integral in (16.3) aufgespalten in zwei Integrale über verschiedene Variable. Das erste wird über alle Elektronenkoordinaten erstreckt und hängt vom Kernabstand r als Parameter ab:

$$\int\psi'^{*\mathrm{el}}(r,\boldsymbol{r}_i)\,\psi''^{\mathrm{el}}(r,\boldsymbol{r}_i')\,\boldsymbol{P}\,dx_1\ldots dz_N = \overline{\boldsymbol{P}}(r)\rightarrow\overline{\overline{\boldsymbol{P}}}. \tag{16.5}$$

Nach CONDON ist diese Abhängigkeit schwach, und $\overline{\boldsymbol{P}}(r)$ kann durch einen Mittelwert $\overline{\overline{\boldsymbol{P}}}$ ersetzt werden. Das zweite Integral läuft über den Kernabstand r und hängt von den Gleichgewichtsabständen r_e' und r_e'' und den Schwingungsquantenzahlen v' und v'' als Parametern ab[3]:

$$\int r^{-2}\psi_{v'}'^{\mathrm{vibr}}(r-r_e')\,\psi_{v''}''^{\mathrm{vibr}}(r-r_e'')\,r^2\,dr = C, \tag{16.6}$$

so daß die Übergangswahrscheinlichkeit proportional zu

$$|\langle\psi'|\boldsymbol{P}|\psi''\rangle|^2 = \overline{\overline{\boldsymbol{P}}}{}^2\cdot C^2(v'v'',r_e',r_e'') \tag{16.7}$$

wird. Das Integral C hat nur dann große Werte, wenn die Schwingungseigenfunktionen $\psi_{v'}'^{\mathrm{vibr}}$ und $\psi_{v''}''^{\mathrm{vibr}}$ bei denselben Kernabständen r große Werte haben, d.h. nach Abb. 16.1, wenn die quantentheoretischen „Umkehrbereiche" senkrecht übereinander liegen. Übergänge in die mittleren Bereiche der Potentialkurven (etwa $A\rightarrow D$ in Abb. 16.1a) verschwinden wegen der Vorzeichenwechsel der Schwingungsfunktionen in diesem Bereich. Damit ist das *Francksche Prinzip* qualitativ abgeleitet. Quantitativ ergeben sich relative Intensitätsverteilungen nach Abb. 16.3. In einem $v'-v''$-Diagramm liegen die intensivsten Banden auf einer *Condon-Parabel*, deren Öffnung durch die relative Lage der beiden Potentialkurven bestimmt ist, in Übereinstimmung mit der anschaulichen Vorhersage für die Grenzfälle a) und b), Seite 67.

---

[1] Nur die leichten Elektronen reagieren auf die lichtoptischen Frequenzen, siehe oben Seite 63.

[2] Sie würden die Auswahlregeln für Σ und J liefern, die wir als erfüllt voraussetzen.

[3] Die Schwingungszustände sind reell. Da beim gleichen Kernabstand r infolge der Rotation alle Richtungen (ϑ,φ) der Molekelachse vorkommen, ist über die ganze Kugelschale $r^2\,dr$ zu integrieren. Dadurch fallen die Faktoren r^{-1} bei den Eigenzuständen wieder heraus.

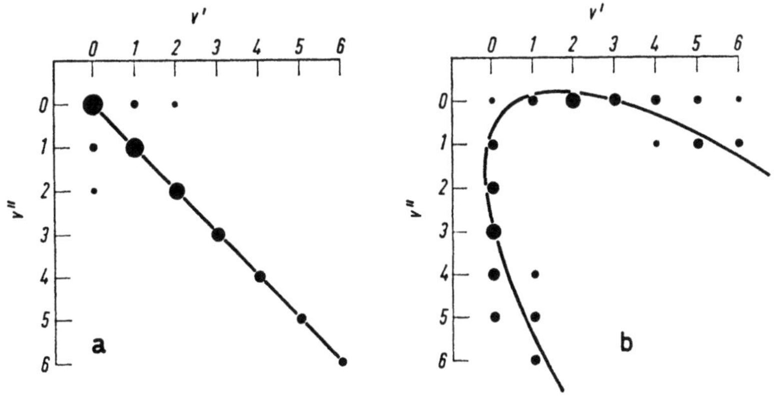

Abb. 16.3a u. b. Intensitäten (≙ Durchmesser der Kreise) der Banden nach Abb. 16.1a, b und Abb. 16.2a, b aufgetragen im *Condon*-Schema: a) geschlossene, b) geöffnete *Condon*-Parabel.

Umgekehrt lassen sich aus der gemessenen Intensitätsverteilung Schlüsse auf die relative Lage der Potentialkurven ziehen. Sie müssen mit den aus der Rotationsstruktur (Ziffer 15) gezogenen übereinstimmen, was bei allen untersuchten Molekeln auch der Fall ist.

17. Dissoziation

Eine Molekel dissoziiert, wenn sie auf einen Zustand angeregt wird, der im Dissoziationskontinuum irgend eines Elektronenzustandes liegt. Dissoziation im *Elektronengrundzustand* kann z. B. bei hohen Temperaturen durch thermische Stöße bewirkt werden, die der Molekel soviel Rotations- und Schwingungsenergie zuführen, daß (vgl. (3.1) und Fußnote 1, S. 8)

$$W^{\mathrm{vibr}} + W^{\mathrm{rot}} > D_e'' \cdot h c \tag{17.1}$$

wird. Dissoziation in einem *angeregten* Elektronenzustand setzt wegen der Größe der erforderlichen Anregungsenergie zunächst Anregung des oberen Elektronenterms durch Lichtabsorption oder auch Elektronenstoß (Gasentladungen!) voraus. Führt ein solcher Übergang in einen gebundenen Rotationsschwingungszustand der oberen Potentialkurve (Abb. 9.1), so können anschließende thermische Stöße Dissoziation bewirken, wenn sie vor Ablauf der Lebensdauer gegen Strahlung ($\approx 10^{-9} \cdots 10^{-4}$ sec) erfolgen. Führt die Anregung ins Kontinuum des oberen Terms, wie z. B. bei $F \to G$ in Abb. 16.1b, so erfolgt Dissoziation ($G \to H$) innerhalb einer Zeit von etwa der Schwingungsdauer ($\approx 10^{-14}$ s).

Nach dem *Franck-Condon-Prinzip* kann Lichtabsorption in das Kontinuum, d.h. Photodissation des oberen Terms nur erfolgen bei genügend weit verschobenen Potentialkurven, Abb. 16.1b. Hier wird bei Zimmertemperatur die konvergierende Bandenserie $v'' = 0 \rightarrow v' = 0, 1, \ldots$ beobachtet[1] einschließlich der *Konvergenzstelle* $\tilde{\nu}_K$ und des anschließenden

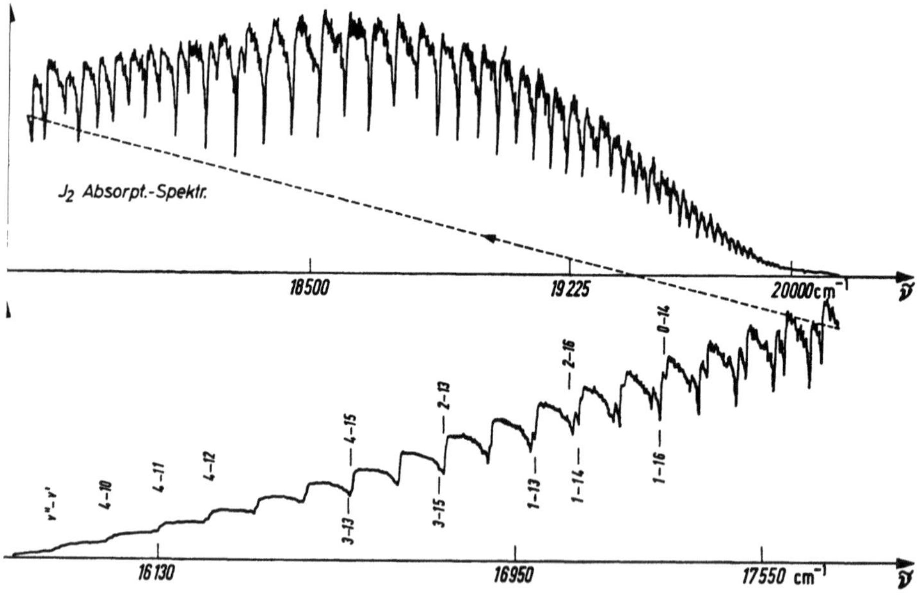

Abb. 17.1. Bandenkonvergenz gegen ein Dissoziationskontinuum. Beispiel: J_2, Serien $v'' \rightarrow v' = 0, 1, 2, \ldots$ mit $v'' = 0, 1, 2, 3, 4$. Konvergenzstelle der Serie $v'' = 0 \rightarrow v'$ bei $\tilde{\nu}_k = 20000\ \mathrm{cm}^{-1}$. Aufnahme: Physik-Praktikum, TH Darmstadt. Lineare Wellenlängenskala von rechts nach links, also nichtlineare cm^{-1}-Skala. Absorptionsbanden nach unten über dem Emissionskontinuum einer Glühlampe. Reproduktion der Kurve in zwei Stücken.

Kontinuums, Abb. 17.1. Da die Dissoziation in Wirklichkeit nicht vom Minimum der Potentialkurve, sondern vom Nullpunktsschwingungsniveau ($v = 0$) aus erfolgt, geht nicht D_e, sondern der Term

$$D_0 = D_e - G(0) = D_e - \tfrac{1}{2}\,\omega_e + \tfrac{1}{4}\,x_e\,\omega_e \mp \cdots \qquad (17.2)$$

[1] Bei schweren Molekeln mit kleinen Schwingungsquanten schwach auch die Serien $v'' = 1 \rightarrow v' = 0, 1, \ldots$, $v'' = 2 \rightarrow v' = 0, 1, \ldots$, usw., deren Konvergenzstellen jeweils ein Schwingungsquant $hc\,\omega_e''$ langwelliger liegen.

in die Bilanz[2] ein: nach Abb. 17.2 ist z. B.

$$\tilde{\nu}_K = \tilde{\nu}(0,0) + D_0' = D_0'' + \tilde{\nu}_A\,. \tag{17.3}$$

Wenn die Dissoziationsgrenze $\tilde{\nu}_K$ und die Nullinie der Bande gemessen sind, können also die Dissoziationsenergien des oberen und des unteren Elektronenzustandes spektroskopisch bestimmt werden. Allerdings muß die Anregungsenergie $hc\tilde{\nu}_A$ des nach der Photodissoziation angeregt zurückbleibenden Atoms A bekannt sein.

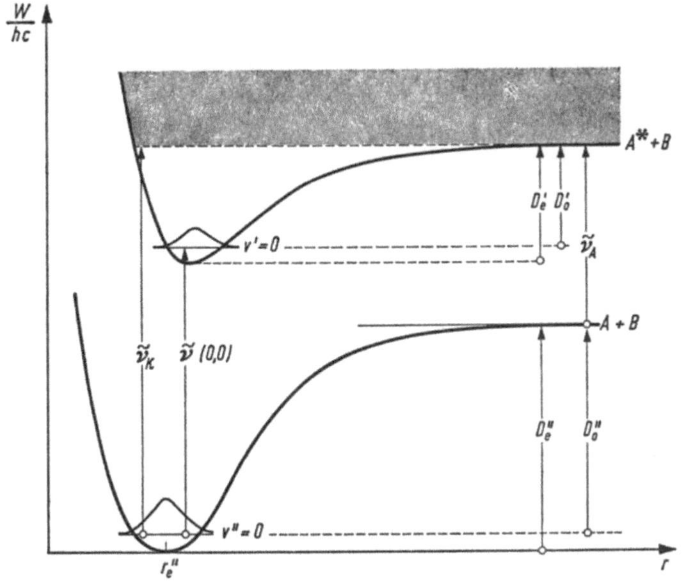

Abb. 17.2. Zur Bestimmung von Dissoziationsenergien aus einem Dissoziationskontinuum.

Das klassische *Beispiel* ist die *Jod-Molekel* J_2. Bei Anwendung sehr großer optischer Schichtdicken (höherer Dampfdruck bei erhöhter Temperatur, langer geometrischer Lichtweg) kann die Konvergenzstelle bei $\tilde{\nu}_K = 20000\ \mathrm{cm}^{-1}$ beobachtet werden. Der tiefste angeregte Term des J-Atoms liegt bei $\tilde{\nu}_J = 5790\ \mathrm{cm}^{-1}$,

2 Wir vernachlässigen hier der Einfachheit halber die Rotationsenergie. Das ist bei leichten Molekeln nicht erlaubt, bei schweren Molekeln, deren Rotationsstruktur nicht aufgelöst werden kann, ist es nicht zu umgehen. Dann wird meistens die Wellenzahl der Rotationskante näherungsweise gleich der Wellenzahl der Nullinie einer Bande gesetzt.

so daß nach (17.3) sich $D_0'' = 12410\ \text{cm}^{-1} \triangleq 39200\ \text{cal mol}^{-1}$ ergibt, in Übereinstimmung mit dem thermochemisch bestimmten Wert. Aus[3] $\omega_e'' = 214\ \text{cm}^{-1}$ folgt mit (17.2) der Wert $D_e'' = 12517\ \text{cm}^{-1}$. Mit $\tilde{\nu}(0,0) = 15598\ \text{cm}^{-1}$ folgt $D_0' = 4402\ \text{cm}^{-1}$ oder, mit $\omega_e' = 128\ \text{cm}^{-1}$, $D_e' = 4466\ \text{cm}^{-1}$. Nach den Werten von D_e und ω_e ist der obere Elektronenzustand $^3\Pi_u$ wesentlich schwächer gebunden **als der untere $^1\Sigma_g^+$, in Übereinstimmung mit den Kernabständen $r_e' = 2{,}667$ Å und $r_e'' = 3{,}016$ Å.** (Siehe Abb. 17.1, 17.2.)

Beim *Sauerstoff* O_2 werden sogar zwei Konvergenzstellen bei $\tilde{\nu}_{K1} = 57100\ \text{cm}^{-1}$ ($\lambda = 1757$ Å, erfordert einen Vakuumspektrographen) und $\tilde{\nu}_{K2} = 41400\ \text{cm}^{-1}$ beobachtet. Die Anregungsenergie eines O-Atoms entspricht $\tilde{\nu}_0 = 15880\ \text{cm}^{-1}$. Wenn man die Triplettaufspaltung des Elektronengrundzustandes $^3\Sigma_g$ vernachlässigt, ergibt sich das Termschema von Abb. 17.3.

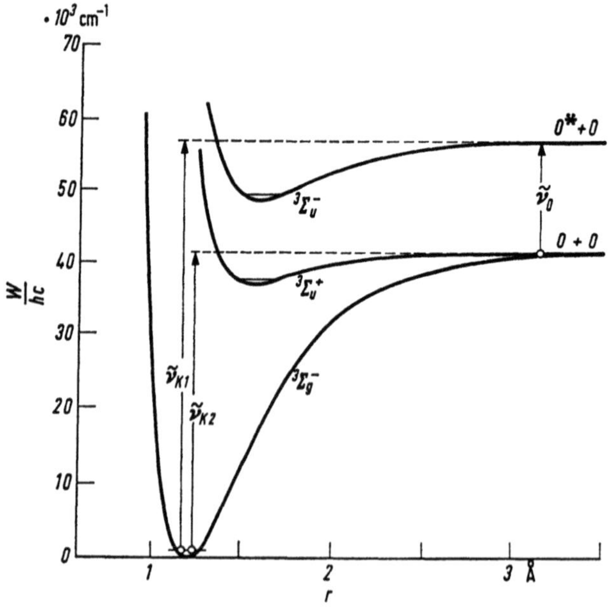

Abb. 17.3. Ausschnitt aus dem Termschema des O_2. Die Dissoziationsgrenzen $\tilde{\nu}_{K1}$ und $\tilde{\nu}_{K2}$ von zwei angeregten Elektronentermen werden in Absorption vom Grundzustand aus beobachtet. Auswertung siehe Text.

Bei den meisten Molekeln liegen die Potentialkurven leider so, daß nur endlich viele Banden einer Serie (oder Folge), nicht aber die Wellenzahl $\tilde{\nu}_K$ der Konvergenzstelle und das anschließende Kontinuum beob-

[3] Die hier weiterhin benutzten Konstanten stammen aus der vollständigen Analyse des Bandenspektrums. Die Anharmonizitätskorrektur $x_e\omega_e$ wird gegen ω_e vernachlässigt.

achtet werden können. Dann kann die Dissoziationsgrenze nur durch *Extrapolation* von den beobachteten Banden her bestimmt werden. Dazu trägt man die Differenzen

$$\Delta G(v) = G(v+1) - G(v) = \omega_e - 2x_e\omega_e(v+1) + 3y_e\omega_e(v^2 + 2v + 13/12) + \cdots \tag{17.4}$$

zweier aufeinanderfolgenden Schwingungsterme (8.2) des interessierenden Elektronenzustands über $v = 0, 1, 2, \ldots$ auf. Dabei sind die Konstanten ω_e, $x_e\omega_e$, $y_e\omega_e, \ldots$ in (8.2) aus der Analyse des Bandenspektrums nach Ziffer 15 zu bestimmen. Die Dissoziationsgrenze ist bei demjenigen Wert v_K von v erreicht, bei dem der Abstand der Schwingungsterme Null wird, d.h. es ist (Abb. 8.1)

$$D_e = G(v_K) = D_0 + G(0) \tag{17.5}$$

mit

$$\Delta G(v_K) = 0\,. \tag{17.6}$$

Wir setzen zunächst voraus, daß $y_e\omega_e$ und alle höheren Glieder in (8.2) verschwinden[4]. Dann ist $\Delta G(v)$ nach (17.4) linear in v, (17.6) gibt

$$v_K = \frac{\omega_e}{2x_e\omega_e} - 1 \tag{17.7}$$

und (17.5) liefert mit (8.3) die wunderbar einfache Beziehung

$$D_e = \frac{\omega_e^2}{4x_e\omega_e} - \frac{x_e\omega_e}{4} \approx \frac{\omega_e^2}{4x_e\omega_e} \tag{17.8}$$

nach der D_e leicht bestimmt werden könnte. Leider zeigt die Erfahrung, daß dieser einfache Fall kaum jemals realisiert ist, sondern daß bei höheren Werten von v Abweichungen der Funktion $\Delta G(v)$ von der Linearität auftreten, die wie im Beispiel der Abb. 17.4a durch höhere Glieder in (17.4) mit negativem $y_e\omega_e$ beschrieben werden müssen. Bei dem in Abb. 17.4b dargestellten Fall liegt vermutlich sogar ein Beispiel für die gegenseitige Störung zweier Potentialkurven vor (siehe Ziffer 18).

In beiden Fällen würde eine Extrapolation auf $\Delta G = 0$ von zu wenig beobachteten Banden aus viel zu große Werte von v_K d.h. von D_e liefern. Bei Beobachtung einer genügend großen Zahl von Banden liefert die Extrapolationsmethode jedoch wichtige Ergebnisse, besonders für angeregte Elektronenzustände[5].

Eine weitere Möglichkeit zur optischen Bestimmung von Dissoziationsenergien bietet die Erscheinung der *Prädissoziation*, siehe Ziffer 18.

---

[4] Das ist z.B. der Fall, wenn die Potentialkurve durch die *Morsesche Formel* (21.17) dargestellt werden kann.

[5] Man trägt hierzu ΔG nicht über v auf, sondern über $\tilde{\nu}(0)$ nach (15.3), den Nulllinien der Banden, und erhält so bei $\Delta G \to 0$ unmittelbar die Wellenzahl $\tilde{\nu}_K$ der Konvergenzstelle.

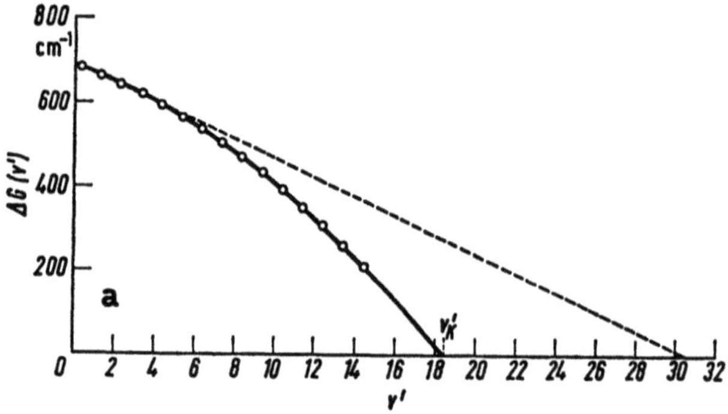

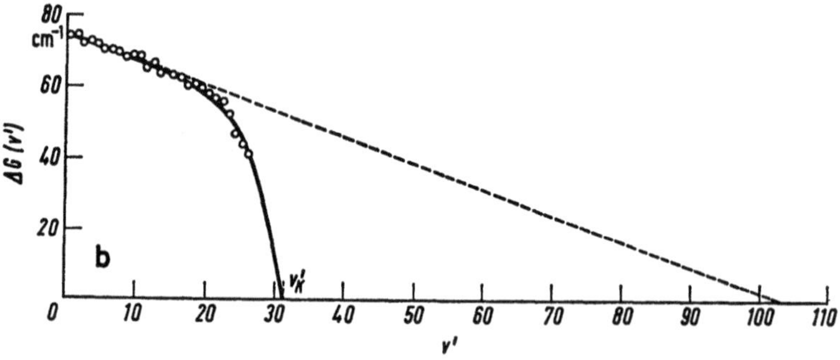

Abb. 17.4a u. b. Bestimmung von Dissoziationsenergien durch Extrapolation einer Bandenserie. a) Sauerstoff O_2, oberer Zustand $^3\Sigma_u^-$, $v'_K \approx 18$. b) Kalium K_2, oberer Zustand $^1\Pi$, $v'_K \approx 31$. Nach Herzberg [1].

Aufgabe 17.1

Berechne die Dissoziationsenergie des angeregten $^3\Sigma_u^-$-Zustandes von O_2 aus der durch Extrapolation gewonnenen Quantenzahl v'_K (Abb. 17.3a) mit Hilfe der die Bandenserie beschreibenden Konstanten $\omega'_e = 700{,}4\ \text{cm}^{-1}$, $x'_e\omega'_e = 8{,}00\ \text{cm}^{-1}$, $y'_e\omega'_e = -0{,}375\ \text{cm}^{-1}$ und vergleiche den Wert mit dem aus der beobachteten Konvergenzstelle abgeleiteten.

Aufgabe 17.2

Leite die Bedingung (17.6) für die Konvergenzstelle durch Differentiation ab gemäß

$$\Delta G(v) = \frac{\Delta G(v)}{\Delta v} \to \frac{dG(v)}{dv} = 0\,.$$

a) unter der Annahme $y_e\omega_e \neq 0$, höhere Glieder gleich Null,
b) prüfe die Eindeutigkeit des Ergebnisses durch nachträgliche Spezialisierung auf $y_e\,\omega_e = 0$.

18. Prädissoziation

Unter *Prädissoziation*[1] versteht man den *strahlungslosen Übergang* einer Molekel aus einem diskreten Rotations-Schwingungsterm (v, J) eines bindenden Elektronenzustands Y in das Dissoziationskontinuum eines anderen Elektronenzustands Z. Damit ein solcher Übergang möglich ist, müssen sich die beiden Terme kreuzen. Dabei kann der Zustand Z ein Abstoßungszustand sein, der keine diskreten Schwingungs- oder Rotationsterme sondern *nur* ein Dissoziationskontinuum besitzt (Abb. 18.1a), oder ein anderer bindender Zustand, dessen Dissoziationsgrenze tiefer liegt als die des Y-Zustands (Abb. 18.1b). Am Schnittpunkt P (der Termkreuzung)[2] kann die Molekel spontan aus dem Elektronenzustand Y in den Zustand Z umspringen[2]. Dabei bleibt die Energie erhalten, d.h. es handelt sich um einen strahlungslosen Prozeß. Es ändert sich nur die Elektronenkonfiguration, die Kraft zwischen den beiden Atomen wird plötzlich eine Abstoßungskraft und die Molekel dissoziiert. Dieser Prozeß kann im Bandenspektrum beobachtet werden.

Wir betrachten zunächst die Bandenserie $v'' = 0 \to v' = 0, 1, 2, \ldots$ im Absorptionsspektrum unter Vernachlässigung der Rotationsstruktur[3] (Abb. 18.1a) und fragen nach der *Breite der Absorptionslinien*. Nach A Ziffer 47 ist sie gleich der Summe der Breiten der beiden am Absorptionsübergang beteiligten Terme, die ihrerseits nach (A 47.1) durch die Lebensdauern bestimmt sind. Der Grundzustand $v'' = 0$ ist scharf. Die Linienbreite ist also gleich der Breite des oberen Terms. Die mittlere Lebensdauer der Schwingungsterme $v' < v'_P$ in Y unterhalb der Kreuzung P ist von der Größenordnung

$$\tau^{\text{el}} = 1/w^{\text{el}} \approx 10^{-8}\,\text{s}\,, \tag{18.1}$$

wobei w^{el} die Wahrscheinlichkeit für einen strahlenden Übergang aus einem dieser Terme in irgend einen tieferen Term bedeutet. Ihr entspricht nach (A 47.1) eine Linienbreite

$$\Delta\tilde{\nu}^{\text{el}} = c^{-1}\Delta\nu^{\text{el}} = 1/c\,\tau^{\text{el}} \approx 3 \cdot 10^{-3}\,\text{cm}^{-1}\,, \tag{18.2}$$

was kleiner ist als die praktische Auflösungsgrenze der besten Spektrometer. Die Linien erscheinen also scharf.

Die Lebensdauer τ der Schwingungsterme $v' \geqq v'_P$, die oberhalb der Kreuzung P liegen, wird verkürzt durch die Wahrscheinlichkeit w^P für

[1] Historisch aus einer falschen Vorstellung entstandener Name.
[2] Näheres siehe unten.
[3] Wir setzen vorübergehend $J' = J'' = 0$.

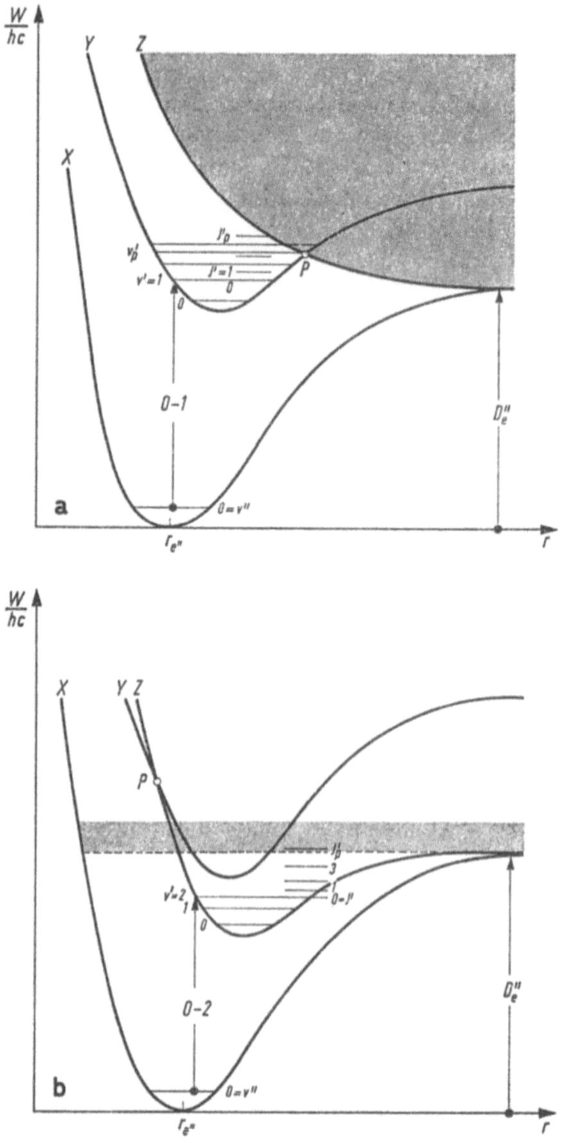

Abb. 18.1a u. b. Verschiedene Fälle von Prädissoziation. a) Aus Y bei P in einen kreuzenden Abstoßungsterm Z. Die Abbruchstelle bei $v' = v'_P$ der Bandenseric $v'' = 0 \to v' = 0, 1, \ldots$ liefert eine obere Schranke für die Dissoziationsenergie D_e'' des Grundterms. b) 1. Aus Y bei P in einen kreuzenden tieferen Bindungsterm Z, 2. aus Z durch Rctation mit $J \geqq 3$ aus dem gebundenen Schwingungsterm $v = 2$ in das Dissoziationskontinuum von Z. Die Abbruchstelle der Rotationsstruktur der Bande $v'' = 0 \to v = 2$ gibt einen guten Wert für D_e''.

einen Prädissoziationsübergang, wenn die Molekel während ihrer Schwingung durch die Potentialkurve die Kreuzung passiert. Es ist also

$$\tau = \frac{1}{w^{\mathrm{el}} + w^{P}}\,. \tag{18.3}$$

Die Erfahrung zeigt, daß w^P sehr viel größer als w^{el}, nämlich

$$w^P \approx 10^3\, w^{\mathrm{el}} \tag{18.4}$$

sein kann, so daß

$$\tau \approx 1/w^P = \tau^P \approx 10^{-3}\, \tau^{\mathrm{el}} = 10^{-11}\,\mathrm{s} \tag{18.5}$$

wird. Die Breite der zu diesen Termen führenden Absorptionslinien wird also nach (18.2)

$$\Delta\tilde{\nu}^P = 1/c\,\tau^P \approx 10^3\, \Delta\tilde{\nu}^{\mathrm{el}} = 3\,\mathrm{cm}^{-1}\,. \tag{18.6}$$

Unterhalb der Prädissoziationsgrenze[4] ist also die Bandenserie scharf, oberhalb davon diffus. Im *Emissionsspektrum* dagegen haben die Banden oberhalb der Prädissoziationsgrenze praktisch verschwindende Intensität,

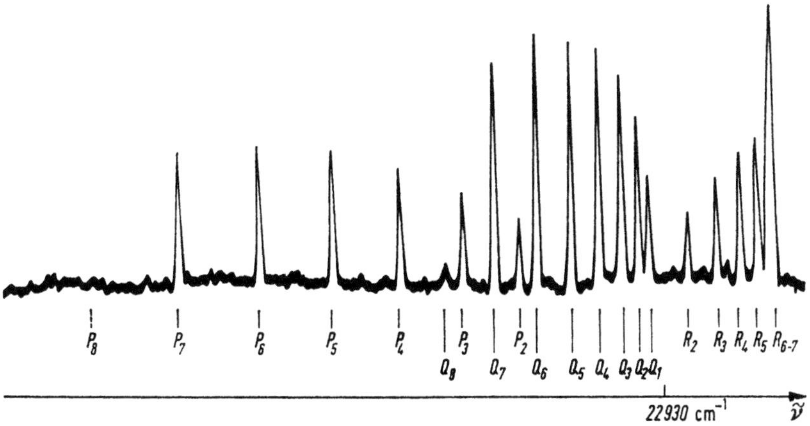

Abb. 18.2. Rotationsstruktur der Emissionsbande $^1\Pi(v' = 1) \rightarrow {}^1\Sigma(v'' = 1)$ des AlH bei $\tilde{\nu}\,(1{,}1) = 22930\,\mathrm{cm}^{-1}$. Die Indizes an P, Q, R sind die Werte von J'. Die Prädissoziation erfolgt durch Rotation im oberen Term, ohne Termkreuzung, die Dissoziationsgrenze von $^1\Pi$ wird bei $J' = 8$ überschritten, alle Linien mit $J' \geqq 8$ fehlen. Die Rotationsterme über dem nächst tieferen Schwingungsterm $v' = 0$ liegen bis mindestens $J' = 23$ unterhalb der Dissoziationsgrenze, siehe Abb. 15.1c. Nach Bengtsson und Rydberg (1930).

---

[4] Unter der Prädissoziationsgrenze verstehen wir im Spektrum die Wellenzahl der beginnenden Unschärfe oder der Abbruchstelle, im Termschema die Wellenzahl der Termkreuzung.

da nach (18.4) nur noch etwa jede tausendste der angeregten Molekeln zur Strahlung gelangt: die Bandenserie *bricht ab* bei $v' = v'_P$.

Berücksichtigt man jetzt auch die den Schwingungstermen überlagerten Rotationsterme, so ist klar, daß diese in einem Schwingungszustand, der bei $J' = 0$ *unterhalb* der Kreuzung liegt, von einem bestimmten Wert $J' = J'_P$ der Rotationsquantenzahl J' an *über* der Kreuzung liegen (Abb. 18.1a). Die Rotationslinien mit $J' \geqq J'_P$ fehlen dann im Emissionsspektrum und sind unscharf in Absorption (wie in Abb. 18.3).

Dasselbe gilt natürlich auch schon ohne Termkreuzung, wenn die höheren Rotationsterme $J' \geqq J'_P$ höher liegen als die Dissoziationsgrenze des eigenen bindenden Elektronenzustands (*Prädissoziation durch Rotation*, Abb. 18.1b und 18.2). Ist die Rotationsstruktur so eng, daß die verbreiterten Linien sich gegenseitig überlappen, was bei schweren Molekeln fast immer der Fall ist, so wird Diffuswerden der Bandkante beobachtet (CaCl, Abb. 18.3). Aus der Breite der Rotationslinien wird die Lebensdauer (18.5/6) bestimmt.

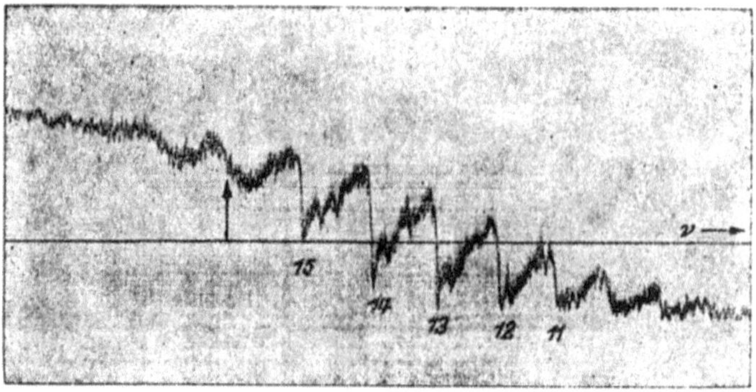

Abb. 18.3. Bandenfolge $\Delta v = v' - v'' = 0$ des Überganges $2\,{}^2\Sigma \rightarrow 1\,{}^2\Sigma$ von CaCl in Absorption bei der Temperatur $T = 1600$ K. Unaufgelöste Rotationsstruktur der Banden. Verbreiterte Kanten infolge Prädissoziation bei $v' = v'' \geqq 16$. Nach HELLWEGE (1936).

An den hier entwickelten Vorstellungen sind noch folgende Verfeinerungen anzubringen:

Zunächst muß ein strahlungsloser Übergang ebenso wie ein strahlender außer dem Energiesatz das *Franck-Condon-Prinzip* (Ziffer 16) befolgen, d.h. bei dem Übergang darf sich weder der Abstand noch die Geschwindigkeit der Kerne ändern. Das ist am besten erfüllt, wenn einer der Umkehrpunkte eines Schwingungsniveaus mit der Termkreuzung P zusammenfällt, wie beim Niveau $v' = v'_P$ in Abb. 18.1a.

In diesem Fall hält sich auch die Molekel am längsten am Kreuzungspunkt auf, da die Kerngeschwindigkeit im Umkehrpunkt Null ist. Deshalb ist die Übergangswahrscheinlichkeit am größten. In Schwingungsniveaus $v' > v'_P$ wird die Kreuzung mit um so größerer Geschwindigkeit durchfahren, je höher das Niveau oberhalb von P liegt, und die Franckschen Bedingungen werden zunehmend schlechter erfüllbar[5], die Übergangswahrscheinlichkeit nimmt ab. Man beobachtet auch wirklich, daß genügend weit oberhalb der Prädissoziationsgrenze die Schärfe der Linien in Absorption und ihre Intensität in Emission *wieder zunehmen*.

Ferner ist das Bild zweier sich kreuzender Potentialkurven nicht immer realistisch. In einem Kreuzungspunkt ist die Elektronenenergie entartet. Zwei miteinander entartete Elektronenzustände unterscheiden sich aber nach den Ziffern 11 und 12 immer in ihrem Symmetriecharakter. Das heißt umgekehrt: Terme gleichen Symmetriecharakters können sich nicht schneiden, sondern weichen sich mehr oder weniger aus, so daß *Kreuzungen vermieden* werden, siehe die Abb. 20.1 und 15.2. Wird der Termabstand dabei größer als die zu erwartende Termbreite durch Prädissoziation, so sind die getrennten Potentialkurven gut definiert und es findet keine Prädissoziation statt. Bleibt der Termabstand kleiner als die Termbreite, so findet Prädissoziation statt, die Potentialkurven sind in diesem Bereich aber nicht gut definiert und man kann ebensogut einen Schnittpunkt P annehmen[6]. Dieses etwas rohe Bild haben wir verwendet.

Die Prädissoziationsgrenze ist in vielen Fällen ein Maß für die *Dissoziationsarbeit* und liefert sie genau, wenn der Abstoßungsterm horizontal läuft. Im allgemeinen läuft der Abstoßungsterm von $r = \infty$ aus nicht genau horizontal bis zur Kreuzung, die also höher liegt als die Dissoziationsgrenze. In diesen Fällen bekommt man aus der Abbruchstelle im Spektrum eine obere Schranke für die Dissoziationsarbeit.

Aufgabe 18.1
Gib eine anschauliche Beschreibung für den Mechanismus der Prädissoziation durch Rotation (Abb. 18.1 b bei J'_P). Hinweise: Dehnung ? was macht der Elektronenzustand ?

Diffuse Spektren beruhen nicht immer auf Prädissoziation. Auch strahlende Übergänge zu einem *Abstoßungsterm* liefern breite und diffuse Absorptionsbanden, da die Lebensdauer eines Abstoßungsterms nur von der Größenordnung $\tau^{\text{vibr}} \approx 10^{-14}$ s ist. Beispiele hierfür werden im Zusammenhang mit der chemischen Bindung erörtert (Ziffer 21).

---

[5] Anschaulich scharfe Formulierungen nach FRANCK. Die quantentheoretische Berechnung nach CONDON liefert dasselbe Ergebnis.

[6] Jedoch macht sich die Deformation der Kurven in der Nachbarschaft des Kreuzungspunktes als *Störung* der Rotations- und Schwingungsstruktur bemerkbar.

G. Bandenspektren und chemische Bindung bei zweiatomigen Molekeln

19. Bindungstypen

Bei den zweiatomigen Molekeln hat sich die Unterscheidung von drei *Typen* der chemischen Bindung als zweckmäßig erwiesen. Als Unterscheidungsmerkmal wird dabei der Mechanismus der Molekelbildung aus neutralen Atomen oder Ionen (oder der Dissoziation aus dem Grundzustand in solche) benutzt. Man unterscheidet als Grenzfälle:

1. *Ionenmolekeln*[1]. Sie dissoziieren aus dem Grundzustand in Ionen $A^{z+} + B^{z-}$ und sind im Gleichgewichtsabstand r_e stark polar[2]. Sie müssen unsymmetrisch sein: $A \neq B$. Beispiele sind die Alkalikalogenide LiF, NaCl, usw.

2. *Atommolekeln*[3]. Sie dissoziieren aus dem Grundzustand in neutrale Atome. Symmetrische Molekeln AA (Elementmolekeln wie H_2, N_2, O_2) sind unpolar, unsymmetrische Atommolekeln AB mehr oder weniger stark polar; z.B. sind CO, NO schwach, aber HCl ist stark polar.

3. *Van der Waals-Molekeln*[4]. Sie dissoziieren in Atome, sind aber im Grundzustand nur sehr schwach gebunden. Sie werden durch dieselben Kräfte zusammengehalten wie ein verflüssigtes Edelgas. Beispiele sind Hg_2, HgAr.

Die folgende Darstellung rückt die physikalischen Grundlagen und die spektroskopische Unterscheidung der drei Bindungstypen in den Vordergrund. Die erforderlichen quantentheoretischen Rechnungen werden skizziert.

20. Ionenmolekeln

Wir behandeln hier nur einwertige Verbindungen, insbesondere die *Alkalihalogenide*. Dann soll der Grundzustand der Molekel bei $r \to \infty$ in

---

[1] Heteropolare Bindung.
[2] Das heißt sie haben ein großes elektrisches Dipolmoment.
[3] Homöopolare Bindung (auch kovalent genannt).
[4] *Van der Waalssche Bindung* (auch Dispersions- oder Polarisationsbindung genannt).

den Zustand $A^+ + B^-$ zweier getrennter Ionen übergehen. Dieser Zustand liegt um die Energie

$$\Delta W = I_A - E_B \tag{20.1}$$

über dem Zustand $A + B$ der beiden getrennten neutralen Atome im Grundzustand. Dabei ist I_A die *Ionisierungsarbeit* von A, E_B die *Elektronenaffinität* von B, die bei der Übertragung des Elektrons von A nach B wiedergewonnen wird, siehe Abb. 20.1a. Werte von I_A und E_B sind in Tabelle 20.1 zusammengestellt.

Tabelle 20.1. Ionenradien, Ionisierungsarbeiten und Elektronenaffinitäten. Nach LANDOLT-BÖRNSTEIN, 6. Aufl., Band I/1

Atom A	I_A [eV]	r_{A^+} [Å]	Atom B	E_B [eV]	r_{B^-}[Å]
H	13,59		H	0,72	
Li	5,40	0,78	F	4,10	1,33
Na	5,14	0,98	Cl	3,78	1,81
K	4,34	1,33	Br	3,52	1,96
Rb	4,17	1,49	J	3,12	2,20
Cs	3,89	1,65			

Für alle Alkalihalogenide[1] ist $\Delta W > 0$, d.h. die aus dem Ionenzustand kommende Potentialkurve kreuzt die aus dem Atomzustand kommende. Diese *Kreuzung* erfolgt schon bei sehr großen Kernabständen, bei NaCl z.B. bei $r \approx 5\, r_e$. Der Grund ist die große Reichweite der Wechselwirkung zwischen A^+-Ion und B^--Ion, die bei großen Kernabständen $r > r_{A^+} + r_{B^-}$, wenn sich die Ionen noch nicht berühren (r_{A^+}, r_{B^-} = Ionenradien) einfach die *Coulomb*-Anziehung zweier Punktladungen ist, der sich erst bei $r < r_{A^+} + r_{B^-}$, wenn sich die Ladungswolken durchdringen, eine Abstoßung[2] überlagert. Das *Wechselwirkungspotential* hat also die Form

$$P(r) = -\frac{e^2}{4\pi\varepsilon_0 r} + \beta\, e^{-r/\varrho}\,. \tag{20.2}$$

Das *Coulomb*-Potential (1. Glied) hat noch bei sehr großen r merklich von Null verschiedene Werte, wo das exponentielle *Abstoßungspotential* $Be^{-r/\varrho}$ schon praktisch auf Null abgeklungen ist. In diesem Potentialansatz (BORN und MAYER) sind β und ϱ Konstante, wobei $\varrho \approx r_{A^+} + r_{B^-}$ etwa den Berührungsabstand angibt. Die Addition beider Potentiale

[1] Außer CsF mit $\Delta W = -0{,}21$ eV. Für CsF, dessen Spektrum auch kaum bekannt ist, gelten die folgenden Überlegungen nicht.

[2] Vgl. Ziffer 3.

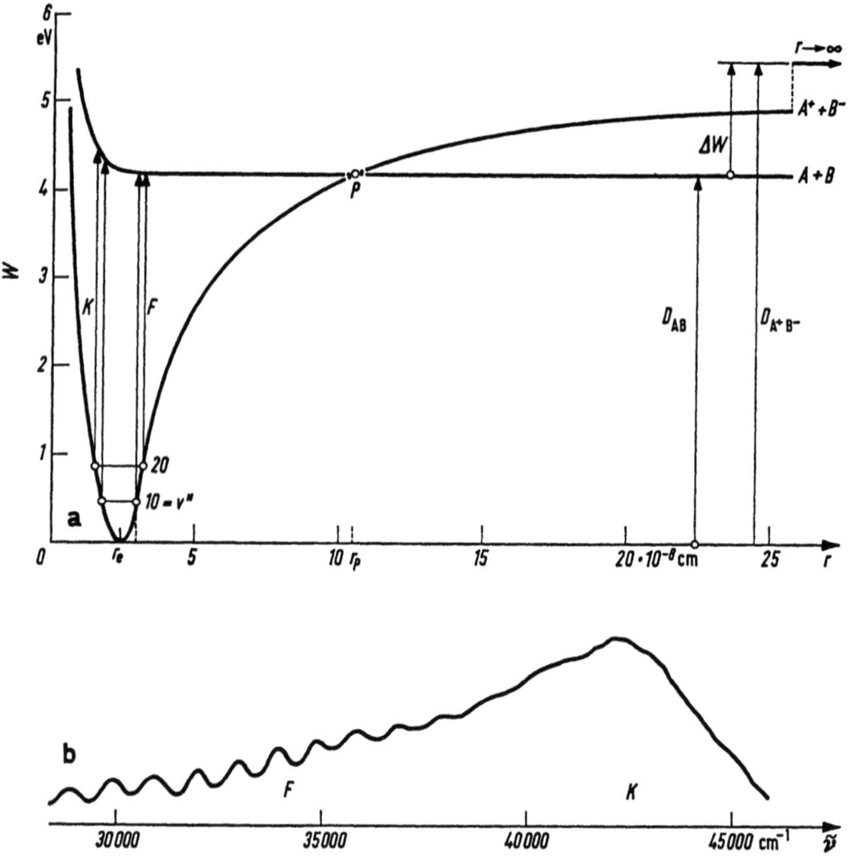

Abb. 20.1a u. b. a) Kreuzung von Atom- und Ionenterm bei P in einer Ionenmolekel. Ungefähr maßstabsgerecht für NaCl. Hier wird die Kreuzung schwach vermieden (punktiert bei P). Nur die Schwingungsterme mit $v'' = 10$ und $v'' = 20$ sind gezeichnet. b) die Absorptionsübergänge bei F geben Intensitätsfluktuationen, die bei K ein weites Kontinuum (schematisch, die Fluktuationen $\triangleq$ Schwingungsquanten liegen viel enger). Potentialkurven nach [1].

führt zu einem tiefen Minimum von $P(r)$ bei $r_e \approx \varrho$ mit einem sehr steilen Anstieg nach $r \to 0$ und einem flacheren, schließlich Coulombschen Anstieg nach $r \to \infty$. Die Dissoziationsenergien derartiger „*Ionenkurven*" liegen für die Alkalihalogenide in der Größenordnung $D_{A^+B^-} \approx 5$ eV. Andererseits wird die Wechselwirkung zwischen neutralen Atomen (Ziffer 21) erst in der Nähe des Berührungsabstandes $r = r_A + r_B$ merklich, so daß die „*Atomkurve*“ bereits praktisch horizontal ist, wenn sie die „Ionenkurve“ bei einem großen Kernabstand $r_P > r_e$ kreuzt (Abb. 20.1a).

Hiernach ist evident, daß Ionenmolekeln nur zwischen Partnern existieren können, für die die Ungleichung

$$\Delta W < D_{A^+B^-} \tag{20.3}$$

erfüllt ist, da sonst auch das Minimum der Ionenkurve über der Atomkurve läge und diese der Grundzustand wäre. Das ist nach Tabelle 20.1 für alle Alkalihalogenide erfüllt, nicht aber z.B. für HCl ($\Delta W = 9{,}81$ eV, $D_0^{\text{exp}} = 4{,}43$ eV) und H_2 ($\Delta W = 12{,}87$ eV, $D_0^{\text{exp}} = 4{,}48$ eV). HCl ist zwar stark polar, aber doch eine Atommolekel, und H_2 ist überhaupt der Modellfall für die Atombindung (Ziffer 21).

Wir haben bisher stillschweigend angenommen, daß sich die Atom- und die Ionenkurve in einem Punkt P *kreuzen*. In Wirklichkeit ist das nicht der Fall, die Kurven weichen sich aus (Ziffer 11), so daß zwei Potentialkurven entstehen, deren jede auf der einen Seite von P die Ionen-(Atom-), auf der anderen Seite die Atom-(Ionen-)Kurve ist. Beim adiabaten Durchfahren[3] einer solchen Kurve muß also in der Nähe von $r = r_P$ ein Elektron von A auf B oder zurück übertragen werden. Da aber, wie wir gesehen haben, bei r_P bereits getrennte Atome (Ionen) vorliegen, ist die Wahrscheinlichkeit hierfür sehr klein. Das heißt störungstheoretisch: Die Durchmischung der Eigenzustände und die Aufspaltung der Entartung am Punkt P sind sehr klein, die Potentialkurven weichen sich nur in unmittelbarer Nähe von P geringfügig aus. Demnach würde im adiabaten Zweizentrenmodell der Elektronenzustand bei einem ziemlich scharf definierten Kernabstand von dem Ionen- in den Atomzustand umspringen, siehe Abb. 20.2. In Wirklichkeit wird aber bei der Dissoziation nicht adiabat der Kernabstand geändert, sondern die Molekel durchläuft diskrete Rotations- und Schwingungsniveaus. Hierbei aber kann eine kleine Ausweichstelle übersprungen werden (F. London 1932), so daß die Molekel im Ionenzustand bleibt. Der Begriff Ionenmolekel ist also gerechtfertigt.

Die quantitative Bestimmung der Potentialkurven in Abb. 20.1 gelingt mit Hilfe der *Absorptionsspektren*. Diese bestehen aus unscharfen Fluktuationen, und einem ziemlich ungegliederten kurzwelligeren breiten Kontinuum. Die Fluktuationen sind die Übergänge aus den äußeren Umkehrpunkten der Schwingungsniveaus des Ionenterms zu dem hier noch horizontalen Atomterm, dessen Breite zwar groß ist, aber doch noch eine Messung der Fluktuationsmaxima erlaubt. Diese sind ein getreues Abbild der Schwingungsstruktur des Grundzustandes. Ihre Wellenzahlen liefern also direkt D_{AB} sowie ω_e'' und $x_e''\omega_e''$ und durch Extrapolation $D_{A^+B^-}$. Das breite Kontinuum entsteht durch Absorption bei kleinen Kernabständen, wo die Atomkurve steil ist und deshalb eine sehr kurze Lebensdauer, d.h. eine große Breite hat.

[3] Zweizentrenmodell, *langsam* auseinandergeführte Kerne, keine Schwingungen oder Rotationen.

Für das in Abb. 20.1 gezeichnete *Beispiel* des NaCl ergeben sich so die Werte $D_{AB} = 4{,}27$ eV, $\omega_e'' = 380\ \mathrm{cm}^{-1}$, $x_e''\,\omega_e'' = 1\ \mathrm{cm}^{-1}$. Aus der Elektronenbeugung an NaCl-Dampf stammt der Abstand $r_e'' = 2{,}50$ Å. Das ist wie es sein muß etwas weniger als die Summe $r_{A^+} + r_{B^-} = 2{,}78$ Å der Ionenradien, da bei $r = r_e$ bereits Abstoßungskräfte infolge Durchdringung der Ionen existieren müssen. Tabelle 20.1 liefert $\Delta W = 1{,}14$ eV, so daß der Ionenzustand bei $D_{A^+B^-} = 4{,}27 + 1{,}14 = 5{,}41$ eV liegen muß, in recht guter Übereinstimmung mit dem aus dem Grundzustand extrapolierten Wert.

Die *Alkalihydride* AH (A = Li, ..., Cs) sind in erster Näherung ebenfalls Ionenmolekeln. Jedoch ist in höherer Näherung die gegenseitige Störung von Ionen- und Atomkurve so stark, daß von einer Term-

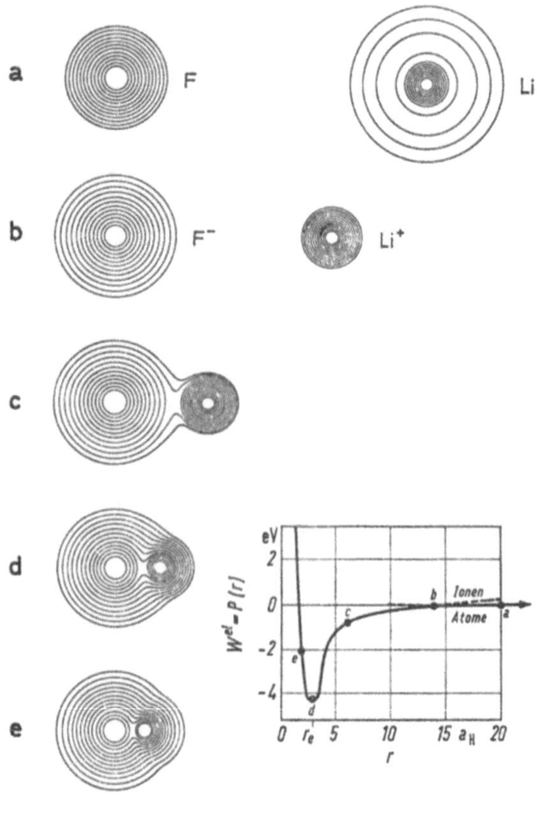

Abb. 20.2. Elektronendichteverteilung von LiF als Funktion des Kernabstandes im tiefsten Term des *adiabaten* Zweizentrensystems. Umklappen des Elektronenzustandes aus dem Ionen- in den Atomzustand bei praktisch schon getrennten Ionen im Zustand b). Theoretisch mit Rechenautomat, nach [24].

kreuzung auch näherungsweise nicht mehr gesprochen werden kann. Es handelt sich also um einen Übergangsfall zwischen Ionen- und Atombindung.

Aufgabe 20.1
Berechne aus den angegebenen Daten für NaCl den Termabstand r_P der Termkreuzung.

21. Atommolekeln: Austauschkräfte

Zwischen elektrisch *neutralen Atomen* existiert eine merkliche Wechselwirkung nur bei Abständen unterhalb eines grob anschaulichen Berührungsabstandes, $r \leqq r_A + r_B$ [1], bei denen sich die Elektronenwolken zu einer gemeinsamen Elektronenwolke vereinigen. Bei etwas größeren Abständen trennen sich die Elektronenwolken und die Potentialkurve erreicht sehr schnell die Dissoziationsgrenze, im Gegensatz zu den Ionenmolekeln, bei denen die *Coulomb*-Anziehung noch bei großen Abständen wirkt. Die Potentialkurve von H_2 z.B. hat 90% der Dissoziationsgrenze schon bei $r \approx 3r_e$ erreicht, die Ionenkurve von NaCl erst bei $r \approx 10r_e$.

Während die Bindungsenergie von Ionenmolekeln bei großen Abständen noch klassisch als *Coulomb*-Energie berechnet werden kann [2], muß für die Atombindung das Zweizentrenproblem (2.6) wirklich gelöst und es muß geprüft werden, welche Elektronenzustände stabile Bindungsterme mit einem Minimum bei einem endlichen Gleichgewichtsabstand r_e, und welche Zustände Abstoßungsterme ergeben.

Auch wenn zur Erleichterung der Aufgabe Rechenautomaten benutzt werden, wird dabei eines der beiden folgenden Näherungsverfahren durchgeführt:

a) *Heitler-London-Näherung* (1927). Sie geht von den getrennten Atomen aus und wird unten skizziert.

b) *Hund-Mulliken-Näherung*. Sie geht von den Bahneigenfunktionen [3] der einzelnen Elektronen im Zweizentrenfeld [4] aus.

---

[1] Es sei daran erinnert, daß der Radius von Atomen nicht scharf sondern durch den mehr oder minder steilen exponentiellen Abfall der Elektronendichte nach außen definiert ist (A Ziffer 20).

[2] Bei kleinen Abständen geht das nicht mehr. Der Abstoßungsterm in (20.2) müßte quantentheoretisch gerechtfertigt werden. Wir haben das unterlassen, weil das Problem dasselbe ist wie hier bei der Atombindung.

[3] Nach dem englischen „orbitals" auch „Orbitale" genannt.

[4] Daher auch „MO-Theorie" von „molecular orbitals".

Die Spinrichtungen werden in beiden Fällen durch das *Pauli-Prinzip* (Ziffer 23) festgelegt. Die beiden Verfahren unterscheiden sich dadurch, daß verschiedene Glieder in (2.4) zunächst bei der Definition des Ausgangszustandes weggelassen und später als Störung wieder eingeführt werden. Wiederholte Durchführung der Rechnungen in höheren Näherungen unter Vergleich mit dem Experiment hat zu einer recht befriedigenden Kenntnis der Termschemata von vielen zweiatomigen Molekeln geführt [5].

Die einfachste neutrale Molekel ist *Wasserstoff* H_2 mit nur 2 Elektronen. Von ihr sind etwa 50 Elektronenzustände bekannt. Abb. 21.1 zeigt als Auswahl diejenigen Terme, berechnet mit Verfahren b), die beim adiabaten Zusammenführen zweier H-Atome im Grundzustand sowie eines normalen und eines angeregten H-Atoms entstehen. Für die getrennten Atome und für die Molekel beim Gleichgewichtsabstand des Grundterms sind auch die *Elektronendichteverteilungen* $|\psi^{el}|^2$ angezeichnet. Sie sind rotationssymmetrisch um die Molekelachse (hier die Horizontale) zu denken. Dem Bild entnehmen wir folgende Befunde: Beim Zusammenführen zweier normaler H-Atome im $^2S_{1/2}$-Zustand entstehen zwei Molekelzustände, ein Abstoßungs- und ein Bindungsterm, der der *Grundzustand* ist. Beide sind Σ-Zustände, d.h. sie haben keinen Bahndrehimpuls, unterscheiden sich aber durch den *Spin*: der Grundzustand ist ein Singulett ($S = 0$, „Spinabsättigung") während im Abstoßungsterm die Spins parallel stehen ($S = 1$, Triplett). Beim Übergang von einem zum anderen Term wird also ein Spin herumgeklappt, jedoch kann hierdurch der große Energieunterschied zwischen den Termen nicht erklärt werden [6]. Hierfür ist die ganz verschiedene Elektronendichteverteilung im Zweizentrenfeld verantwortlich. Im *Bindungszustand* sind die Elektronenwolken der Atome zu einer fast kugelförmigen Elektronenwolke der Molekel verschmolzen, im *Abstoßungszustand* sind die getrennten Elektronenwolken der Atome noch deutlich erkennbar, so daß im Mittel über die Elektronenbewegung die Abstoßungskräfte zwischen den gleichgeladenen Teilchen die Anziehungskräfte zwischen den ungleich geladenen überkompensieren. Die Größe des Spins ist nur ein vom *Pauli-Prinzip* diktiertes Kennzeichen für diesen Sachverhalt (siehe unten).

Ist eines der H-Atome in den $2\,^2P$-Zustand *angeregt*, so entstehen beim Zusammenführen der Atome zwei Π-Zustände, wenn das angeregte Atom so orientiert war, daß sein Bahndrehimpuls parallel zur Molekel-

[5] Darunter sind auch solche, die bei Zimmertemperatur chemisch nicht stabil sind, aber z.B. in Gasentladungen oder bei hohen Temperaturen im Gleichgewicht mit anderen Molekeln vorkommen (CH, CN, CaH, CaCl, u. a.).

[6] Das Umklappen des magnetischen Moments des einen Spins im Magnetfeld des andern erfordert eine viel zu kleine Arbeit.

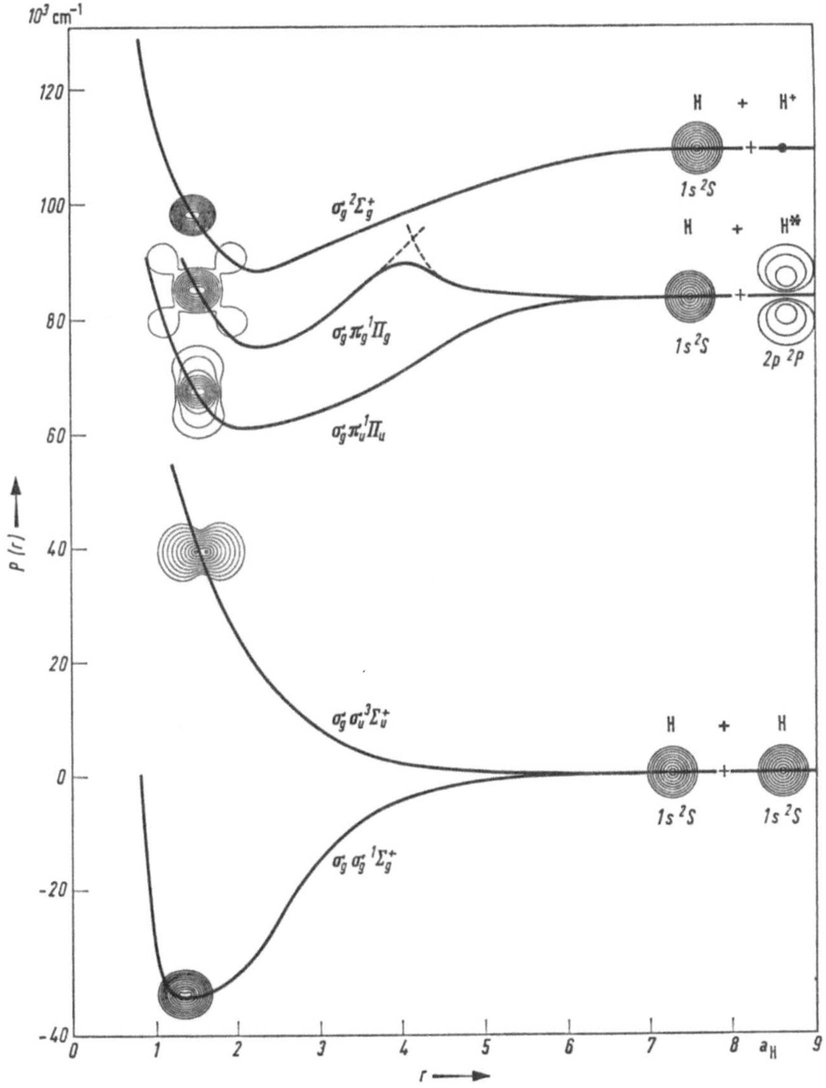

Abb. 21.1. Einige mit der *Hund-Mulliken-* oder MO-Näherung berechnete Potentialkurven und Elektronendichteverteilungen von H_2 und H_2^+. Längeneinheit: *Bohrscher* Radius $a_H = 0{,}529 \cdot 10^{-8}$ cm. Die Elektronendichteverteilungen sind rotationssymmetrisch um die Molekelachse (horizontal), inversionssymmetrisch, sowie spiegelsymmetrisch zu jeder die Molekelachse enthaltenden Ebene und zu der achsensenkrechten Ebene durch den Mittelpunkt. Mit Rechenautomat, nach [24].

achse zeigt ($m_l = M_L = \pm \Lambda = \pm 1$). Die beiden Π-Zustände unterscheiden sich nicht durch den Spin[7]. Die *Elektronenkonfigurationen* vor den Termsymbolen geben an, wie sich der Gesamtbahndrehimpuls der Molekel aus den Bahndrehimpulsen der einzelnen Elektronen[8] zusammensetzt:

$$\Lambda = |\lambda_A \pm \lambda_B| . \tag{21.1}$$

Wir skizzieren jetzt die Rechnung nach der *Heitler-London-Näherung*, durch die das Problem der homöopolaren Bindung im Zweizentrenmodell zuerst gelöst wurde.

Wir bezeichnen die beiden Kerne mit A, B, die beiden Elektronen mit 1, 2. Der Grundzustand des aus dem Kern A und dem Elektron 1 bestehenden H-Atoms sei $\varphi_A(1)$, analog sei $\varphi_B(2)$ der Grundzustand des H-Atoms aus dem Kern B und dem Elektron 2. Dann ist

$$\psi(1,2) = \varphi_A(1) \cdot \varphi_B(2) \tag{21.2}$$

der Zustand der H_2-Molekel[9] bei beliebig großem Kernabstand $r \to \infty$, wo die Energie die Summe der Atomenergien ist:

$$W^{\mathrm{el}}(r \to \infty) = 2\, W_{\mathrm{H}} . \tag{21.3}$$

In (21.2) steckt mathematisch die Annahme, daß ein individuelles Elektron 1 oder 2 einem individuellen Kern A oder B zugeordnet werden darf. Diese Annahme ist physikalisch unhaltbar, da durch kein Experiment die beiden Elektronen oder die beiden Kerne individuell unterschieden werden können. Sie berücksichtigt auch nicht, daß der $\mathscr{H}$-Operator (2.6) ≡ (21.8), in 1, 2 symmetrisch, d.h. *gegen Vertauschung von* 1 *und* 2 *invariant* ist. Physikalisch gleichberechtigt mit (21.2) ist also der Zustand

$$\psi(2,1) = \varphi_A(2)\, \varphi_B(1) \tag{21.4}$$

der aus (21.2) durch *Austausch der beiden Elektronen*[10] hervorgeht. Er ist mit $\psi(1,2)$ entartet, da die Energie wieder $2\,W_{\mathrm{H}}$ ist. Dieser Typ von Entartung heißt *Austauschentartung*. Mit (21.2) und (21.4) sind auch die beiden linear unabhängigen Linearkombinationen

$$\begin{aligned} \psi_s &= N_s[\psi(1,2) + \psi(2,1)] = N_s[\varphi_A(1)\,\varphi_B(2) + \varphi_A(2)\,\varphi_B(1)] ,\\ \psi_a &= N_a[\psi(1,2) - \psi(2,1)] = N_a[\varphi_A(1)\,\varphi_B(2) - \varphi_A(2)\,\varphi_B(1)] \end{aligned} \tag{21.5}$$

Eigenzustände der beiden getrennten H-Atome. Sie haben natürlich ebenfalls die Energie $2\,W_{\mathrm{H}}$. Sie bringen aber den Fortschritt gegenüber $\psi(1,2)$ und $\psi(2,1)$, daß die beiden Elektronen (und damit auch die beiden Kerne) jetzt auch mathematisch ihre Individualität eingebüßt haben: Vertauschung von 1 und 2 führt ψ_s in ψ_s und ψ_a in $-\psi_a$ über[11], d.h. in beiden Fällen geht die allein meßbare

[7] Der obere hat ein Maximum, das durch Vermeidung einer in erster Näherung auftretenden Termkreuzung entsteht.

[8] Bezeichnung durch kleine Buchstaben $\sigma, \pi, \delta, \ldots$, in voller Analogie zu der Bezeichnungsweise bei den Atomen (A Ziffer 26).

[9] Alle Eigenzustände sind natürlich in demselben Koordinatensystem zu schreiben, siehe etwa Abb. 2.1. Sie sind Funktionen der Elektronenortskoordinaten $(x_1, y_1, z_1, x_2, y_2, z_2) \equiv (\mathbf{r}_1, \mathbf{r}_2)$.

[10] Diese Formulierung ist vielleicht etwas irreführend, da die Operation eine rein mathematische ist: die Vertauschung der Indizes 1 und 2.

[11] Daher die Bezeichnungen s = symmetrisch, a = antimetrisch.

Elektronendichteverteilung $|\psi_s|^2$ oder $|\psi_a|^2$ in sich über — sie ist auch mathematisch *invariant*[12] gegen Elektronenaustausch. Die Normierungsfaktoren N_s und N_a in (21.5) sind gegeben durch

$$N_s = \frac{1}{\sqrt{2(1+N)}}, \qquad N_a = \frac{1}{\sqrt{2(1-N)}} \tag{21.6}$$

mit

$$N = \int \varphi_A(1)\,\varphi_B(2)\,\varphi_A(2)\,\varphi_B(1)\,dx_1 \ldots dz_2 . \tag{21.7}$$

Den *Hamilton-Operator* (2.6) des Zweizentrenproblems mit zwei Elektronen zerlegen wir in die beiden Teile

$$\mathscr{H} = \mathscr{H}_0 + V \tag{21.8}$$

mit dem Operator des *ungestörten* Problems

$$\mathscr{H}_0 = \frac{\boldsymbol{p}_1^2}{2m_e} - \frac{e^2}{4\pi\varepsilon_0 r_{A1}} + \frac{\boldsymbol{p}_2^2}{2m_e} - \frac{e^2}{4\pi\varepsilon_0 r_{B2}} \tag{21.9}$$

und dem *Störoperator*

$$V = \frac{e^2}{4\pi\varepsilon_0}\left(\frac{1}{r_{AB}} + \frac{1}{r_{12}} - \frac{1}{r_{A2}} - \frac{1}{r_{B1}}\right) \tag{21.10}$$

$\mathscr{H}_0$ ist der Hamilton-Operator zweier H-Atome in großem Abstand, d.h. ohne Wechselwirkung, und die Zustände (21.5) sind Eigenzustände von $\mathscr{H}_0$ zum gleichen Eigenwert des ungestörten Problems:

$$\begin{aligned} \mathscr{H}_0 \psi_s &= 2\,W_{\mathrm{H}}\,\psi_s \\ \mathscr{H}_0 \psi_a &= 2\,W_{\mathrm{H}}\,\psi_a . \end{aligned} \tag{21.11}$$

Berücksichtigt man jetzt V als Störung, so ergibt die Störungsrechnung 1. Näherung mit den Zuständen (21.5) die Störenergien

$$\Delta W_s = \langle \psi_s |\, V \,| \psi_s \rangle \tag{21.12'}$$

$$\Delta W_a = \langle \psi_a |\, V \,| \psi_a \rangle , \tag{21.12''}$$

so daß der entartete Term $2\,W_{\mathrm{H}}$ aufspaltet in die beiden Terme

$$\begin{aligned} W_s^{\mathrm{el}} &= 2\,W_{\mathrm{H}} + \Delta W_s , \\ W_a^{\mathrm{el}} &= 2\,W_{\mathrm{H}} + \Delta W_a . \end{aligned} \tag{21.13}$$

Einsetzen von (21.5) in (21.12) gibt

$$W_s^{\mathrm{el}} = 2\,W_{\mathrm{H}} + \frac{C+I}{1+N} \tag{21.14}$$

$$W_a^{\mathrm{el}} = 2\,W_{\mathrm{H}} + \frac{C-I}{1-N} \tag{21.15}$$

Dabei sind C und I die Integrale

$$\begin{aligned} C &= \int \varphi_A^2(1)\,\varphi_B^2(2) \cdot V\,dx_1 \ldots dz_2 \\ I &= \int \varphi_A(1)\,\varphi_B(2)\,\varphi_A(2)\,\varphi_B(1) \cdot V\,dx_1 \ldots dz_2 \end{aligned} \tag{21.16}$$

und das Integral N ist durch (21.7) gegeben. C heißt das *Coulomb-Integral*, da es die Coulombsche Wechselwirkung zwischen den ungestörten (= getrennten) Ladungswolken $\varphi_A^2(1)$ und $\varphi_B^2(2)$ der beiden H-Atome beschreibt. I heißt das *Austauschintegral*, da im Integranden das Produkt $\psi(1,2)\,\psi(2,1)$ der Zustände mit ver-

[12] Oder: sie ist symmetrisch in 1 und 2.

tauschten Elektronen steht. I beschreibt den Effekt der Durchdringung der beiden Elektronenhüllen. Alle drei Integrale C, I, N hängen vom Kernabstand $r_{AB} = r$ als Parameter ab, so daß die Ausrechnung der Integrale die Elektronenenergie als Funktion von r, d.h. die Potentialkurven $W_s^{el}(r) \equiv P_s(r)$ und $W_a^{el}(r) \equiv P_a(r)$ ergibt.

Diese Potentialkurven erster Näherung kommen den experimentell bestimmten Kurven schon erstaunlich nahe. $P_s(r)$ ist der bindende Grundterm mit einem Minimum bei dem richtigen Kernabstand und mit der richtigen Tiefe D_e [13]. Der antimetrische Zustand gibt eine Abstoßungskurve. Diese kann an einem sehr intensiven und breiten Kontinuum im Emissionsspektrum des H_2 identifiziert werden, das Übergängen von höheren Termen nach $^3\Sigma_u^+$ entspricht. Die Potentialkurve des Grundzustandes läßt sich mit verfeinerten Methoden mit hoher Genauigkeit berechnen[14]. Mit guter Näherung[15] kann sie durch die *Formel von Morse*

$$P(r - r_e) = D_e(1 - e^{-\beta(r-r_e)})^2 \tag{21.17}$$

angenähert werden, wobei die Konstante β durch

$$\beta = \sqrt{\frac{2\pi^2 c m}{h D_e}} \cdot \omega_e \tag{21.18}$$

(m = reduzierte Masse der Molekel) mit der Schwingungswellenzahl ω_e zusammenhängt.

Das hier erzielte Ergebnis läßt sich korrespondenzmäßig auch klassisch verstehen. Den Elektronenumläufen in den beiden H-Atomen korrespondieren zwei Oszillatoren (Pendel) von gleicher Eigenfrequenz. Der Annäherung der Atome entspricht eine Kopplung der Pendel. Das gekoppelte System besitzt zwei Eigenschwingungen, die sich durch ihre Symmetrie unterscheiden und von denen die eine eine größere, die andere eine kleinere Eigenfrequenz als die ungekoppelten Pendel hat. Da den Frequenzen ν die Energien $h\nu$ entsprechen, ist die Existenz der beiden Molekelterme verständlich.

Das hier angewandte Rechenverfahren ist nur erlaubt, wenn die Zustände (21.5) die *richtigen* Eigenzustände nullter Näherung sind, d.h. wenn sie alle *Symmetrieeigenschaften* nach Ziffer 11 von Zuständen einer

---

[13] Wegen des Auftretens des Austauschintegrals wird die $P_s(r)$ entsprechende Bindungskraft auch Austauschkraft genannt. Selbstverständlich ist sie nur die über die Elektronenbewegung richtig gemittelte elektrostatische Coulomb-Kraft zwischen den vier Teilchen.

[14] Ohne Anpassung an das Experiment, wie beim H-Atom nur aus Elektronenmasse und Elementarladung!

[15] Außer bei $r \to 0$. Die *Morse-Formel* ist für die meisten Potentialkurven von Atommolekeln eine brauchbare Näherung.

Molekel mit gleichen Kernen besitzen. Das ist aber der Fall. Man überzeugt sich leicht, daß ihnen die folgenden *Symmetriesymbole*[16] zukommen:

$$\psi_s = (\psi_s)_g^+ , \quad \psi_a = (\psi_a)_u^+ . \tag{21.19}$$

Diese, bei $r \to \infty$ bestimmte Symmetrie gilt für jedes r, da die Molekelsymmetrie von r unabhängig ist. Dieselben Symbole wie an den Zuständen stehen also auch an den Termsymbolen in Abb. 21.1.

Die in der ganzen Rechnung vernachlässigten *Spins* $\boldsymbol{s}_1$, $\boldsymbol{s}_2$ berücksichtigen wir durch Multiplikation der Bahnzustände (21.19) mit geeigneten Spinzuständen $\chi(\sigma_1, \sigma_2)$, die von den Spinvariablen σ_1, σ_2 abhängen[17]. Da nach dem Pauli-Prinzip nur Zustände wirklich vorkommen, deren Gesamtzustand antimetrisch gegen Vertauschung zweier Elektronenindizes ist[18], muß die symmetrische Ortsfunktion mit einer antimetrischen Spinfunktion multipliziert werden, und umgekehrt. Die Gesamtzustände sind also gegeben durch[19]

$$\begin{aligned} &\psi_s(\boldsymbol{r}_1, \boldsymbol{r}_2)\,\chi_a(\sigma_1, \sigma_2) \to \overset{1}{\uparrow}\overset{2}{\downarrow}, \quad (S = 0) \\ &\psi_a(\boldsymbol{r}_1, \boldsymbol{r}_2)\,\chi_s(\sigma_1, \sigma_2) \to \overset{1}{\uparrow}\overset{2}{\uparrow}, \quad (S = 1), \end{aligned} \tag{21.20}$$

wobei rechts jeweils der *Gesamtspin* der Molekel angegeben ist. Der Elektronengrundzustand (ψ_s) muß ein Singulett ($S = 0$), der Abstoßungsterm (ψ_a) ein Triplett ($S = 1$) sein, in Übereinstimmung mit Abb. 21.1.

Aufgabe 21.1
Schreibe die Eigenzustände $\varphi_A(1)$ usw. der H-Atome im Grundzustand explizit an und beweise (21.6/7). Hinweis: siehe A Ziffer 20.

Aufgabe 21.2
Beweise die Energiegleichungen (21.14/15).

Aufgabe 21.3
Beweise die Symmetriecharaktere in (21.19). Hinweis: was wird aus den Indizes A, B bei Inversion des Koordinatensystems? Oder: werden bei Inversion im festgehaltenen Koordinatensystem nur die Elektronen oder auch die Kerne invertiert?

Aufgabe 21.4
Warum werden keine Absorptionsübergänge des H-Atoms vom Grundzustand zum Abstoßungsterm beobachtet? Hinweis: Auswahlregeln, vergleichen mit dem Emissionskontinuum.

---

16 Sie definieren den *Symmetriecharakter* des Zustands.

17 Die Produktform bedeutet Vernachlässigung der (kleinen) Spin-Bahn-Kopplung.

18 Siehe Ziffer 23.

19 Die formale Durchführung für den äquivalenten Fall zweier gleicher Kernspins mit $I = 1/2$ siehe in Ziffer 29.

Die Potentialkurve des Grundzustandes des *Wasserstoff-Ions* H_2^+ in Abb. 21.1 zeigt, daß bereits ein Elektron imstande ist, zwei H-Kerne zu binden. Das Elektron besitzt dabei im Mittel über seine Bewegung die Dichteverteilung einer gemeinsamen und symmetrischen Elektronenwolke um beide Kerne. Allerdings ist die Dissoziationsenergie nur halb so groß wie beim Grundzustand der neutralen H_2-Molekel, bei der zwei bindende Elektronen vorhanden sind.

Bei der homöopolaren Bindung von *schwereren Atomen* mit vielen Elektronen wird die Wechselwirkungsenergie (2.4) und damit die *Schrödinger*-Gleichung (2.1) sehr kompliziert. Glücklicherweise tragen nur die äußersten Elektronen zum Aufbau einer gemeinsamen Elektronenhülle der Molekel bei.

Ist ihre Anzahl gerade, so ist der Grundzustand am häufigsten ein $^1\Sigma$-Zustand, wie z.B. bei den *Alkalimetallen* Li_2, Na_2, ..., den *Alkalihydriden*[20] LiH, NaH, ... und beim *Stickstoff* N_2. Ein Gegenbeispiel ist der *Sauerstoff* O_2 mit dem Grundzustand $^3\Sigma_g^-$. Hier sind die Spins nicht abgesättigt, sondern stehen parallel ($S = 1$), so daß Sauerstoff nicht dia- sondern paramagnetisch ist. Molekeln mit ungerader Elektronenzahl, wie H_2^+ oder die *Erdalkalihydride* BeH, MgH, ... haben einen $^2\Sigma$-Term als Grundzustand und sind also paramagnetisch. Die *Edelgase* mit nur abgeschlossenen Elektronenschalen bilden keine Atommolekeln, ebensowenig die *Erdalkalimetalle*, deren beiden Außenelektronen eine abgeschlossene Unterschale bilden. Zwischen solchen Atomen wirken nur die schwachen *Dispersionskräfte*, denen wir uns jetzt zuwenden.

22. Van der Waals-Molekeln

Die Theorie der *van der Waals-Bindung* (F. LONDON) ist eine Erweiterung der Heitler-Londonschen Theorie der Atombindung. Ihre besondere Eigenart besteht in der Verwendung von Näherungen für die Wechselwirkungsenergie zwischen den Atomen. Diese erlauben die störungstheoretische Lösung der Schrödingergleichung in Form von geschlossenen mathematischen Ausdrücken[1], jedoch nur bei genügend großen Kernabständen. Für kleine Kernabstände muß die Lösung also durch Zusatzannahmen ergänzt werden.

Bei der Durchführung der Rechnung folgen wir dem Schema der vorigen Ziffer 21.

Wir gehen also von getrennten Atomen aus und zerlegen in Anlehnung an Abb. 22.1 den $\mathscr{H}$-Operator

$$\mathscr{H} = \mathscr{H}_0 + V \tag{22.1}$$

---

[20] Übergang zur Ionenbindung, Ziffer 20.

[1] Was mit der vollständigen Wechselwirkungsenergie nicht möglich ist.

in die innere Energie $\mathscr{H}_0$ der beiden getrennten Atome ($r_{Ahi} = |\mathbf{r}_{Ah} - \mathbf{r}_{Ai}|$)

$$\mathscr{H}_0 = \mathscr{H}_A + \mathscr{H}_B \tag{22.2}$$

$$\mathscr{H}_A = \sum_{i=1}^{N_A} \left[\frac{p_i^2}{2m_e} - \frac{Z_A e^2}{4\pi\varepsilon_0 r_{Ai}} + \sum_{h>i}^{N_A} \frac{e^2}{4\pi\varepsilon_0 r_{Ahi}} \right] \tag{22.2'}$$

$$\mathscr{H}_B = \sum_{j=1}^{N_B} \left[\frac{p_j^2}{2m_e} - \frac{Z_B e^2}{4\pi\varepsilon_0 r_{Bj}} + \sum_{k>j}^{N_B} \frac{e^2}{4\pi\varepsilon_0 r_{Bkj}} \right] \tag{22.2''}$$

und die *Coulombsche Wechselwirkungsenergie* V zwischen allen Teilchen von A einerseits und allen Teilchen von B andererseits. Solange die beiden Ladungswolken sich nicht durchdringen, d.h. solange wie in Abb. 22.1 für alle i, j

$$|\mathbf{r}_{Ai}| = r_{Ai} < r = |\mathbf{r}|, \qquad |\mathbf{r}_{Bj}| = r_{Bj} < r = |\mathbf{r}| \tag{22.3}$$

ist, läßt sich diese Wechselwirkung als Wechselwirkung zwischen den elektrostatischen *Multipolmomenten* P_A^l und $P_B^{l'}$ ($l, l' = 0, 1, 2, \ldots$) der beiden Ladungswolken schreiben:

$$V = \sum_{l=0}^{\infty} \sum_{l'=0}^{\infty} \mathscr{H}_{l,l'}(P_A^l, P_B^{l'}) . \tag{22.4}$$

Dabei bedeutet z.B. der obere Index l an P_A, daß es sich um einen 2^l-Pol im Atom A handelt, d.h. $l = 0, 1, 2, \ldots$ bedeutet das 2^0 = Monopol-, 2^1 = Dipol-, 2^2 = Quadrupolmoment, usw. Die Reihe (22.4) konvergiert um so besser, d.h. sie darf

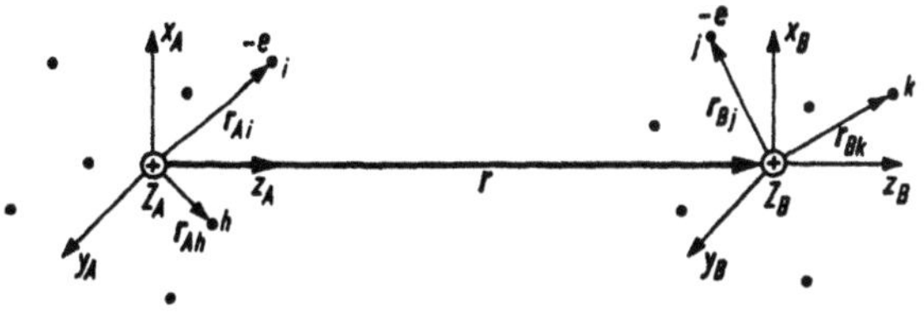

Abb. 22.1. Zur Definition der Multipol-Multipol-Wechselwirkung zweier getrennter Atome.

bei um so niedrigeren Gliedern abgebrochen werden, je größer der Kernabstand r ist[2]. Werden, wie in Abb. 22.1, die Ortsvektoren der Elektronen vom jeweils zugehörigen Kern aus gemessen[3], so wird das *Monopolmoment* P_A^0 die Punktladung

$$q_A = (Z_A - N_A)\, e , \tag{22.5}$$

das *Dipolmoment* P_A^1 der Vektor[4]

$$\mathbf{p}_A = -e \sum_{i=1}^{N_A} \mathbf{r}_{Ai} \tag{22.6}$$

[2] Also wenn Abb. 22.1 statt Abb. 2.1 realisiert ist.

[3] z-Richtungen in der Molekelachse, Abb. 22.1.

[4] Der Ortsvektor des Kerns ist Null, braucht also nicht mitgezählt zu werden.

und das *Quadrupolmoment* P_A^2 der symmetrische Tensor

$$Q_A = -e \begin{pmatrix} x^2 & xy & xz \\ yx & y^2 & yz \\ zx & zy & z^2 \end{pmatrix} \tag{22.7}$$

mit den Abkürzungen

$$x^2 = \sum_{i=1}^{N_A} x_{Ai}^2, \qquad xy = \sum_{i=1}^{N_A} x_{Ai}\, y_{Ai}, \ldots. \tag{22.8}$$

Analoge Ausdrücke gelten für die entsprechenden Größen im Atom B.

Höhere Glieder brauchen nicht mitgenommen zu werden[5].

Wie bei der *Heitler-London-Rechnung* (Ziffer 21) sind die getrennten Atome das ungestörte System mit dem Energieoperator $\mathcal{H}_0$ und Produktzuständen ($m; n = 1, 2, 3, \ldots =$ Laufzahlen der Atomzustände nach steigender Energie)

$$\psi_{A+B}^{(mn)} = \psi_A^{(m)}(\boldsymbol{r}_{Ai})\, \psi_B^{(n)}(\boldsymbol{r}_{Bj}) = |mn\rangle \tag{22.9}$$

als Eigenzuständen, V ist die beim Zusammenführen auftretende Energiestörung,

$$\Delta W_{A+B}^{mn} = \langle mn|\, V\, |mn\rangle \tag{22.9'}$$

ihr Erwartungswert im Zustand $|mn\rangle$.

Im folgenden behandeln wir nur zwei spezielle Anwendungsbeispiele: noch einmal die *Ionenbindung* als Effekt *erster* Näherung und dann die *homöopolare* Bindung von neutralen Atomen in S-Zuständen als Effekt *zweiter Näherung*.

Es sei also zunächst $q_A = -q_B = q > 0$, d.h. es handele sich um die zwei getrennten Ionen einer *Ionenmolekel* im Grundzustand ($m = n = 1$). Dann „sieht" aus sehr großer Entfernung jedes Ion das andere zunächst einfach als Punktladung, so als ob alle Elektronen in den Kernen vereinigt wären. Dann darf die Reihe (22.4) hinter der Monopol-Monopol-Wechselwirkung ($l = l' = 0$) abgebrochen werden, und der Störoperator (22.4) ist einfach

$$V = -\frac{q^2}{4\pi\varepsilon_0 r}. \tag{22.10}$$

Da er von den $\boldsymbol{r}_{Ai}$, $\boldsymbol{r}_{Bj}$ der Eigenzustände (22.9) nicht abhängt, liefert es bereits in 1. Näherung der Störungsrechnung für den Grundzustand den Erwartungswert

$$\Delta W_{A+B}^{11} = \langle 11|\, V\, |11\rangle = -\frac{q^2}{4\pi\varepsilon_0 r} \tag{22.11}$$

der Störenergie und es ist für sehr große r: $\Delta W_{A+B}^{11} = P(r)$, (vgl. (20.2)), wenn die Energie der getrennten Atome $W_{A+B}^{(11)} = W_A^{(1)} + W_B^{(1)} = 0$ gesetzt wird. Bei weiterer Annäherung der Ionen sieht dann jedes Ion mehr und mehr die Multipolmomente in der endlich ausgedehnten Elektronenhülle des anderen Ions, und mehr und mehr Glieder der Reihe (22.4) müssen in 1. und auch 2. Näherung der Störungsrechnung berücksichtigt werden.

---

[5] Siehe z. B. [21].

Handelt es sich um eine *Atommolekel* ($q_A = q_B = 0$), so ist das niedrigste Glied in (22.4) die *Dipol-Dipol-Wechselwirkungsenergie*, die wir zunächst allein berücksichtigen:

$$\begin{aligned} V &= \frac{1}{4\pi\varepsilon_0 r^3}[\boldsymbol{p}_A \boldsymbol{p}_B - 3r^{-2}(\boldsymbol{p}_A \boldsymbol{r})(\boldsymbol{p}_B \boldsymbol{r})] \\ &= -\frac{1}{4\pi\varepsilon_0 r^3}[2p_{Az}p_{Bz} - p_{Ax}p_{Bx} - p_{Ay}p_{By}] \\ &= -\frac{e^2}{4\pi\varepsilon_0 r^3}\sum_{i=1}^{N_A}\sum_{j=1}^{N_B}(2z_{Ai}z_{Bj} - x_{Ai}x_{Bj} - y_{Ai}y_{Bj}) \end{aligned} \tag{22.12}$$

Setzt man noch speziell voraus, daß beide Atome sich in einem S-Zustand befinden, so sind die Erwartungswerte[6] von V in den Zuständen (22.9) gleich Null, da S-Zustände kugelsymmetrisch sind. Man muß also die Störungsrechnung bis zur zweiten Näherung durchführen[6], in die die Quadrate von Nichtdiagonalmatrixelementen von V zwischen $\psi_{A+B}^{(m\,n)}$ und allen anderen Zuständen $\psi_{A+B}^{(m'\,n')}$ eingehen. Es wird

$$\Delta W_{A+B}^{(m\,n)} = \sum_{m'n'} \frac{|\langle m n | V | m'n' \rangle|^2}{W_{A+B}^{m\,n} - W_{A+B}^{m'\,n'}}, \quad W_{A+B}^{m\,n} \neq W_{A+B}^{m'\,n'}, \tag{22.13}$$

Die Betragsquadrate im Zähler sind proportional zu den Übergangswahrscheinlichkeiten bei elektrischer Dipolstrahlung zwischen den Atomzuständen $m \to m'$ und $n \to n'$ (A Aufgabe 31). Im Nenner stehen die Energiedifferenzen zwischen zwei Zuständen

$$W_{A+B}^{(m\,n)} = W_A^{(m)} + W_B^{(n)}, \qquad W_{A+B}^{(m'\,n')} = W_A^{(m')} + W_B^{(n')} \tag{22.14}$$

der getrennten Atome. Speziell für den Grundzustand ($m = n = 1$, $W_{A+B}^{(11)} = 0$, $W_{A+B}^{(m'\,n')} > 0$) ist diese Differenz negativ, so daß sich hier wegen des Vorfaktors in (22.12)

$$\Delta W_{A+B}^{(11)} = -\frac{C^{(11)}}{r^6}, \qquad C^{(11)} > 0\,, \tag{22.15}$$

also ein mit r^{-6} abfallendes Bindungspotential ergibt.

Für kleine Abstände r, für die diese Rechnung nicht gilt, muß zur Beschreibung der Potentialkurve ein Abstoßungspotential hinzugefügt werden (siehe (20.2)):

$$P(r) = -\frac{C^{(11)}}{r^6} + \beta\,\mathrm{e}^{-r/\varrho}\,. \tag{22.16}$$

Die Konstante C^{11} muß durch Aufsummieren von (22.13) bestimmt werden. Sie, und damit die Bindungsfestigkeit, ist um so größer, je kleiner die Energiedifferenzen im Termschema der beteiligten Atome und je größer die Übergangswahrscheinlichkeiten für elektrische Dipolstrahlung zwischen den Termen sind (siehe die Aufgabe 22.1), d.h. insgesamt, je stärker und je langwelliger die Absorption der Atome ist. Da dann auch

---

6 Anschaulich: in 1. Näherung wird zuerst das momentane Dipolmoment (22.6) über die Elektronenbewegung in jedem Atom gemittelt, und dann wird die Wechselwirkung der mittleren Momente bestimmt. In 2. Näherung wird zuerst die momentane Wechselwirkung (22.12) bestimmt und dann diese gemittelt.

der Brechungsindex größer ist, heißt die Bindungskraft auch *Dispersionskraft*[7].

Am wichtigsten ist die *van der Waals*-Bindung bei solchen Molekeln, die keine Bindungsenergie erster Näherung aufweisen, also bei Bindung zwischen neutralen Atomen mit *abgeschlossenen Elektronenschalen*. In Tabelle 22.1 werden berechnete und gemessene Dissoziationsenergien der Grundterme einiger solcher Molekeln verglichen.

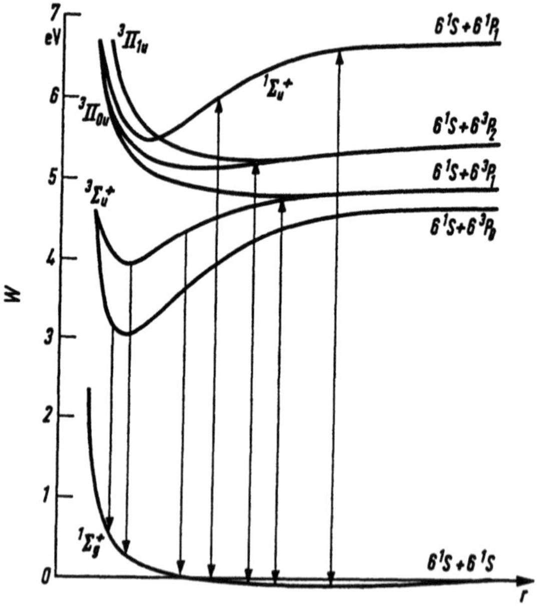

Abb. 22.2. Ausschnitt aus dem Termschema des Hg_2 mit *van der Waals*-Bindung zwischen zwei abgeschlossenen Schalen $6s^2$ im Grundzustand. Aus FINKELNBURG [8]. Die Resonanzübergänge $(6s^2)\,{}^1S_0 \leftrightarrow (6sp)\,{}^1P_1$ und $(6s^2)\,{}^1S_0 \leftrightarrow (6sp)\,{}^3P_1$ eines Hg-Atoms bei $r \to \infty$ liegen unmittelbar neben den eingezeichneten kontinuierlichen Übergängen der Molekel.

Tabelle 22.1. Dissoziationsenergie von *van der Waals-Molekeln* im Grundzustand

Molekel	D_e (theor.)	D_e (exp.)
Hg_2	0,086 eV	0,07 ± 0,02 eV
HgAr	0,075 eV	0,035 eV
Cd_2	0,096 eV	0,09 ± 0,025 eV

[7] Bei Mitnahme höherer Glieder von (22.4) kommen zu (22.15) noch Glieder mit r^{-8}, ... (= Dipol-Quadrupolwechselwirkung), usw. hinzu.

Die Bindungsenergien sind sehr klein, die Potentialkurven also fast horizontal mit sehr flachen Minima. Abb. 22.2 gibt das Termschema von Hg_2 unter Einschluß angeregter Terme. Das Spektrum ist diffus und liegt ganz in der Nähe der Absorptionslinien der getrennten Atome. Ein Beispiel für HgAr ist in anderem Zusammenhang schon in A Abb. 80 reproduziert.

Bei Ionen -und Atommolekeln ist die auch dort natürlich vorhandene *van der Waalssche Bindung* 2. Näherung häufig gegen die Effekte 1. Näherung (Ziffern 20 und 21) zu vernachlässigen, was auch wir getan haben.

Aufgabe 22.1
Führe die Berechnung von C^{11} formal durch und demonstriere so den Zusammenhang mit den Übergangswahrscheinlichkeiten für elektrische Dipolstrahlung in den Atomen A und B.

23. Mögliche Elektronenterme und Pauli-Prinzip

Nachdem wir in Einzelfällen bindende und abstoßende Elektronenterme kennengelernt haben, wollen wir uns jetzt einen Überblick über die Gesamtheit aller *möglichen Elektronenterme* einer Molekel verschaffen. Zu diesem Zweck verfolgen wir das Termsystem von dem des *vereinigten Atoms* (AB) über das der *Molekel* AB bis zu dem der *getrennten Atome*[1] $A+B$, indem wir den Kernabstand im Sinn von Ziffer 2 langsam (adiabat) auseinanderziehen $(0 \leqq r \leqq \infty)$. Der Einfachheit halber setzen wir Russell-Saunders-Kopplung in den Atomen (A Ziffer 24) voraus. Dann ist ein Term des vereinigten Atoms durch die Quantenzahlen S, L, J gekennzeichnet und $(2J+1)$-fach richtungsentartet. Wir nehmen zunächst ein gegenüber der Spin-Bahn-Kopplung sehr *starkes Zweizentrenfeld* an, so daß beim Auseinanderziehen der beiden Teilkerne A und B der Spin als von der Bahn entkoppelt behandelt wird. Dann stellt sich der Bahndrehimpuls $\boldsymbol{L}$ zur Molekelachse ein, d.h. die Richtungsentartung wird teilweise aufgehoben. Es entstehen (siehe Ziffer 11) $L+1$ verschiedene Bahnterme, die durch die scharfe Quantenzahl

$$\Lambda = |M_L| = 0, 1, \ldots, L \tag{23.1}$$

nach (11.1) gekennzeichnet und für $\Lambda > 0$ zweifach entartet sind. Der Spin $\boldsymbol{S}$ wird durch das Zweizentrenfeld nicht beeinflußt. Ein derartiger Bahnzustand ist demnach bei $\Lambda = 0$ noch einmal $(2S+1)$-fach spinentartet, und spaltet bei $\Lambda > 0$ in $2S+1$ Spinzustände mit der Quantenzahl

[1] Wir setzen ungleiche Atome (oder Ionen) voraus. Bei gleichen Atomen werden die Verhältnisse wegen der höheren Symmetrie (Ziffer 11) komplizierter.

Σ nach (11.4) auf: es ergeben sich Spin-Multipletts mit der Multiplizität $2S+1$ (siehe Ziffer 11). Die Energien aller dieser Terme verschieben sich bei wachsendem Kernabstand. Bei $r \to \infty$ geht jeder Molekelterm in einen der Terme der getrennten Atome über. Diese sind gekennzeichnet durch die Quantenzahlen S_A, L_A, J_A, S_B, L_B, J_B, und ihre Energie ist die Summe $W_A + W_B$ der Atomtermenergien. Jeder dieser Terme ist $(2J_A+1)(2J_B+1)$-fach richtungsentartet. Beim Zusammenführen der Atome soll angenommen werden, daß auch hier die Spins von den Bahnen entkoppelt werden, sodaß M_{LA}, M_{LB}, M_{SA}, M_{SB} gute Quantenzahlen werden. Da beim adiabaten Übergang von $r=0$ bis $r \to \infty$ gequantelte Größen nicht unstetig auf andere Werte springen können, müssen für jeden Term die achsenparallelen Drehimpulse konstant bleiben, obwohl sich die scharf definierten Quantenzahlen ändern. Es müssen also die Bedingungen

$$M_L = \pm \Lambda = M_{LA} + M_{LB}\,, \tag{23.2}$$

$$M_S = \Sigma = M_{SA} + M_{SB} \tag{23.3}$$

erfüllt sein. Ferner bestehen nach den Regeln der Vektoraddition[2] noch die Bedingungen

$$S = S_A + S_B,\; S_A + S_B - 1, \ldots, |S_A - S_B|\,, \tag{23.4}$$

$$L = L_A + L_B,\; L_A + L_B - 1, \ldots, |L_A - L_B| \tag{23.5}$$

für die möglichen Werte der Quantenzahlen S und L des vereinigten Atoms, wenn die Quantenzahlen der getrennten Atome vorgegeben sind. Mit Hilfe dieser Überlegungen kann man vorhersagen, welche Drehimpulse die bei der Verbindung zweier Atome entstehenden Elektronenterme der Molekel überhaupt besitzen können.

In einem *Anwendungsbeispiel* sei das Atom A in einem ^3P-, das Atom B in einem ^2P-Zustand[3]. Daraus folgen mit $M_{LA} = +1, 0, -1$ und $M_{LB} = +1, 0, -1$ nach (23.2) die Werte $M_L = M_{LA} + M_{LB} = \pm(1+1)$, $\pm(1+0)$, $\pm(0+1)$, $\pm(1-1)$, $(0+0)$. Wegen $\Lambda = |M_L|$ bedeutet das einen Δ-Term, zwei Π-Terme und drei Σ-Terme, wobei die Terme mit $\Lambda > 0$ zweifach Kramers-entartet sind (Ziffer 11) und die beiden Terme $M_L = \pm(1-1)$ in einen Σ^+- und einen Σ^--Term aufspalten (siehe Abb. 23.1). Der Term $M_L = (0+0)$ ist Σ^+ (Σ^-), wenn die beiden Atomterme dieselbe (verschiedene) Parität haben.

Nach (23.4) können sich die beiden Atomspins $S_A = 1$, $S_B = 1/2$ zu zwei möglichen Molekelspins $S = 3/2, 1/2$ zusammensetzen, so daß jeder oben angeführte mögliche Bahnterm sowohl als Quartett wie als Dublett möglich ist. Andere als diese Terme können nicht vorkommen.

---

[2] Siehe A Ziffer 24 und dort auch (24.16/17).

[3] Da der Spin durch das Molekelfeld sofort von $\boldsymbol{L}$ entkoppelt werden soll, werden hier die Multiplettkomponenten mit $J_A = 2, 1, 0$ und $J_B = 3/2, 1/2$ nicht unterschieden.

Ist das *Zweizentrenfeld schwächer* als die magnetische *Spin-Bahn-Kopplung*, so daß Spin und Bahn nicht entkoppelt werden, so sind M_J, M_{JA}, M_{JB}, Ω die definierten Quantenzahlen und die Bedingung

$$M_J = \pm\Omega = M_{JA} + M_{JB} \tag{23.6}$$

tritt an die Stelle von (23.2/3).

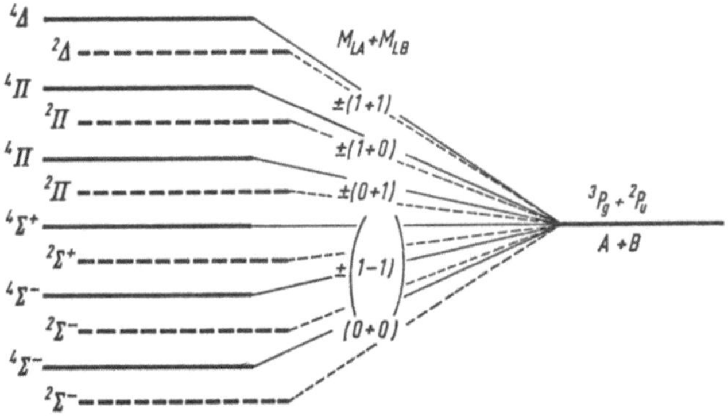

Abb. 23.1. Aus Drehimpulsgründen allein mögliche Molekelterme aus zwei ungleichen Atomen in ^3P_g- und ^2P_u-Zuständen. Stark schematisch.

Die Gesamtzahl der möglichen Zustände[4] ist natürlich unabhängig von den vorausgesetzten Kopplungsverhältnissen[5]. Das wird z.B. dadurch zum Ausdruck gebracht, daß beim *stetigen Übergang* von (23.6) nach (23.2/3)

$$|M_J| = \Omega = |\Lambda + \Sigma| = |M_{LA} + M_{LB} + M_{SA} + M_{SB}| \tag{23.7}$$

sein muß.

Andere als die so bestimmten Elektronenterme können aus Drehimpulsgründen nicht vorkommen, jedoch kommen andererseits nur diejenigen von ihnen *wirklich* vor, die auch das *Pauli-Prinzip* erfüllen.

Wie bei den Atomen auch formulieren wir das *Pauli-Prinzip* durch die *Quantenzahlen* der einzelnen entkoppelt gedachten Elektronen, und zwar bei einem sehr kleinen Kernabstand $r \to 0$[6]. Nur solche Elektronen-

---

[4] Jeder entartete Term ist so oft zu zählen wie sein Entartungsgrad angibt.
[5] Und deshalb natürlich auch vom Kernabstand r.
[6] „Nahezu" vereinigtes Atom. Das ist erlaubt, da r und der Kopplungstyp nur stetig variable Parameter sind, siehe oben.

zustände kommen vor, in denen je zwei Elektronen der Molekel sich in mindestens einer der vier Quantenzahlen n, l, $m_l = \pm\lambda$, $m_s = \sigma$ unterscheiden[7]. Diese Forderung führt auch bei Molekeln zur Definition von *Elektronenschalen*. Zu einer Elektronenschale werden aus energetischen Gründen[8] alle Elektronen mit gleichen n, l, $\lambda = |m_l|$ zusammengefaßt. Die Schalen werden durch ihre Elektronenkonfiguration $n l \lambda^z$ bezeichnet (z = Elektronenzahl, Werte von l und λ durch Symbole s, p, d,... und σ, π, δ,... repräsentiert). Einen Überblick bis $n = 3$ gibt Tabelle 23.1.

Tabelle 23.1. Elektronenschalen, ($n\ l\ \lambda\ \sigma$)-Schema

n	l	λ	$\pm\lambda = m_l$	$\sigma = m_s$	Elektronenzahl z	Schale von AB	Schale von (AB)
1	0	0	0	$\pm 1/2$	2	$1s\sigma^2$	$1s^2$
2	0	0	0	$\pm 1/2$	2	$2s\sigma^2$	$2s^2$
	1	0	0	$\pm 1/2$	2	$2p\sigma^2$	
		1	$+1$ -1	$\pm 1/2$ $\pm 1/2$	4	$2p\pi^4$	$2p^6$
3	0	0	0	$\pm 1/2$	2	$3s\sigma^2$	$3s^2$
	1	0	0	$\pm 1/2$	2	$3p\sigma^2$	
		1	$+1$ -1	$\pm 1/2$ $\pm 1/2$	4	$3p\pi^4$	$3p^6$
	2	0	0	$\pm 1/2$	2	$3d\sigma^2$	
		1	$+1$ -1	$\pm 1/2$ $\pm 1/2$	4	$3d\pi^4$	
		2	$+2$ -2	$\pm 1/2$ $\pm 1/2$	4	$3d\delta^4$	$3d^{10}$

z = Elektronenzahl in der Schale.
AB = Molekel, (AB) = vereinigtes Atom.

---

7 Für die achsenparallelen Drehimpulse einzelner Elektronen werden kleine griechische Buchstaben λ, σ, für die der Elektronengesamtheit große Buchstaben Λ, Σ benutzt (Ziffer 11). Vorsicht! die Buchstaben σ und Σ haben mehrere Bedeutungen!

8 Die stärkere Unterteilung der Schalen in der Molekel laut Definition ist deshalb zweckmäßig, weil Elektronen mit verschiedenem λ auch bei gleichem l im Zweizentrenfeld schon sehr verschiedene Energien haben können.

Jede Elektronenschale mit $\lambda > 0$ enthält also 4 Elektronen, die σ-Schalen mit $\lambda = 0$ enthalten nur 2 Elektronen. Abgeschlossene Schalen besitzen weder Spin- noch Bahndrehimpuls. Beim Übergang zum vereinigten Atom ($r \to 0$) verschmelzen mehrere Molekelschalen zu einer Atom-(unter)-schale[8]. Wie bei den Atomen auch, werden die in den Schalen vorhandenen Plätze bei wachsender Elektronenzahl nacheinander so besetzt, daß die Gesamtenergie immer die kleinstmögliche ist (Aufbauprinzip).

Aufgabe 23.1

Behandle das oben durchgeführte Beispiel noch einmal in der J, J_A, J_B, Ω-Darstellung, d.h.:

a) Gehe aus von den Termen ${}^2P_{3/2,\,1/2}$ und ${}^3P_{2,\,1,\,0}$ der getrennten Atome und bestimme die möglichen Werte von Ω.

b) Fasse die dadurch charakterisierten Terme so zusammen, daß sie die oben bestimmten Terme ${}^4\Delta$, ${}^4\Pi$ (2mal) usw. bis ${}^2\Sigma^+$, ${}^2\Sigma^-$, ${}^2\Sigma$ ergeben.

Aufgabe 23.2

Gib für die Molekel AB die Terme einschließlich der Konfigurationen an, die aus den Atomen A und B mit den Konfigurationen $1s$ und $1s^2\,2p$ hervorgehen können. In welche Konfigurationen und Terme des vereinigten Atoms (AB) müssen sie übergehen, wenn das Pauli-Prinzip erfüllt sein soll?

Zur Formulierung des *Pauli-Prinzips* ist hier ein spezielles, durch vier Quantenzahlen des vereinigten Atoms charakterisiertes Modell benutzt worden. Die *allgemeine Formulierung* geht aus von dem Verhalten der Gesamtzustände (12.1) gegenüber dem *Austausch* von zwei beliebigen Elektronen[9], d.h. der Änderung von ψ bei Vertauschen der Indizes i und j an den Orts- und Spinkoordinaten ($\boldsymbol{r}_i$, σ_i), ($\boldsymbol{r}_j$, σ_j) zweier Elektronen i und j. Da zweimalige Durchführung dieser Operation wieder zur Identität führt und sich die Teilchendichte $\psi\psi^*$ bei der Vertauschung nicht ändert, multipliziert sich ein Zustand bei einer Vertauschung entweder mit $+1$ oder -1, d.h. mit anderen Worten, er ist symmetrisch oder antimetrisch gegenüber der Vertauschung. Wenn die beiden vertauschten Elektronen dieselben Werte der vier Quantenzahlen hätten — was in der Natur nicht vorkommt — würde die Vertauschung den Elektronenzustand nicht ändern (Faktor $+1$), der Zustand wäre symmetrisch. Demnach kommen nur Zustände vor, die sich bei Vertauschen von je zwei beliebig herausgegriffenen Elektronen mit -1 multiplizieren, d.h. *antimetrisch* gegen Elektronenaustausch sind.

---

[9] Vergleiche die ausführliche Behandlung des Elektronenaustauschs am Beispiel der H_2-Molekel in Ziffer 21. Dort ist auch gezeigt, daß das *Pauli-Prinzip* auf der physikalischen Nichtunterscheidbarkeit gleicher Teilchen beruht.

Es wäre unverständlich, wenn ein so allgemeines Prinzip nur für eine spezielle Teilchenart, die Elektronen, Gültigkeit besäße. Tatsächlich gilt es allgemein für alle Teilchen: es kommen nur solche Zustände eines atomaren Systems vor, die *antimetrisch* gegen die Vertauschung von zwei gleichen *Fermionen* (= Teilchen mit halbzahligem Spin $^1/_2$, $^3/_2$, ...) und *symmetrisch* gegen die Vertauschung von zwei gleichen *Bosonen* (= Teilchen mit ganzzahligem Spin 0, 1, ...) sind.

Die Konsequenzen des *Pauli-Prinzips* für einen beliebigen *Gesamtzustand* ψ einer Molekel dürfen an dem Grenzfall (12.1) eines Produktes von entkoppelten Teilzuständen untersucht werden, da die Symmetrie gegen Teilchenaustausch von der Stärke der inneren Wechselwirkungen unabhängig sein muß[10]. Die Konsequenzen aus dem Austausch zweier *Elektronen* haben wir bereits oben und in Ziffer 21 ausführlich behandelt, allerdings zunächst nur für die Teilzustände $\psi^s(\sigma_i)\,\psi^{\mathrm{el}}(\boldsymbol{r}, \boldsymbol{r}_i)$ in (12.1). Da aber die übrigen Teilzustände von den Elektronenkoordinaten $(\boldsymbol{r}_i, \sigma_i)$ nicht abhängen[11], gelten die Ergebnisse schon für den Gesamtzustand. — Die Konsequenzen aus dem Austausch zweier gleicher *Kerne* werden in Ziffer 28 und Ziffer 29 näher untersucht.

---

[10] Siehe die analoge Argumentation in Ziffer 12.

[11] Sie sind also symmetrisch gegen Elektronenvertauschung.

H. Mehratomige Molekeln

24. Abgrenzung des Stoffs und Grundbegriffe

24.1. Struktur und Symmetrie

Wie schon am Anfang (Ziffer 1) bemerkt, beschränken wir uns hier auf die Behandlung von Molekeln aus nur wenigen Atomen. Sie besitzen eine räumliche *Struktur*, deren wesentliches Kennzeichen eine mehr oder minder hohe *Symmetrie* ist (Abb. 24.1). Die Struktur und ihre Symmetrie werden für den schwingungslosen Gleichgewichtszustand der Molekel angegeben[1]. In einem angeregten Elektronenzustand kann die Molekel eine andere Symmetrie als im Elektronengrundzustand besitzen.

24.2. Die Elektronenbewegung

Dieselbe Symmetrie wie die Molekelstruktur besitzt das elektrische Feld (Mehrzentrenfeld) der Atomkerne, in dem sich die Elektronen bewegen. Die *Elektronenterme* einer mehratomigen Molekel können deshalb nach *Symmetriequantenzahlen* klassifiziert werden, deren jede durch eines der verschiedenen *Symmetrieelemente*[2] (Drehachsen, Inversionszentrum, Spiegelebenen) der Struktur definiert ist. So sind im Spezialfall der zweiatomigen Molekeln die Quantenzahlen Λ, Σ, Ω durch die axialsymmetrische Molekelachse, die $+,-$ Symmetrie durch eine Spiegelebene und die Parität g, u durch ein Inversionszentrum definiert worden (Ziffern 11.1/2). Eine völlige Analogie besteht auch zu den lokalisierten Elektronenzuständen einer symmetrischen *Kristallzelle*, die an anderer Stelle [27] ausführlich behandelt sind. Wir gehen deshalb im folgenden nicht mehr auf die Elektronenterme ein, sondern verweisen auf die Spezialliteratur. Ebenfalis werden wir die *Bandenspektren* mehratomiger Molekeln nicht besprechen.

---

[1] Während einer sogenannten *totalsymmetrischen Schwingung* bleibt die Symmetrie dieselbe wie in der Gleichgewichtslage, während aller anderen Schwingungen wird die Symmetrie erniedrigt.

[2] Siehe z.B. [26].

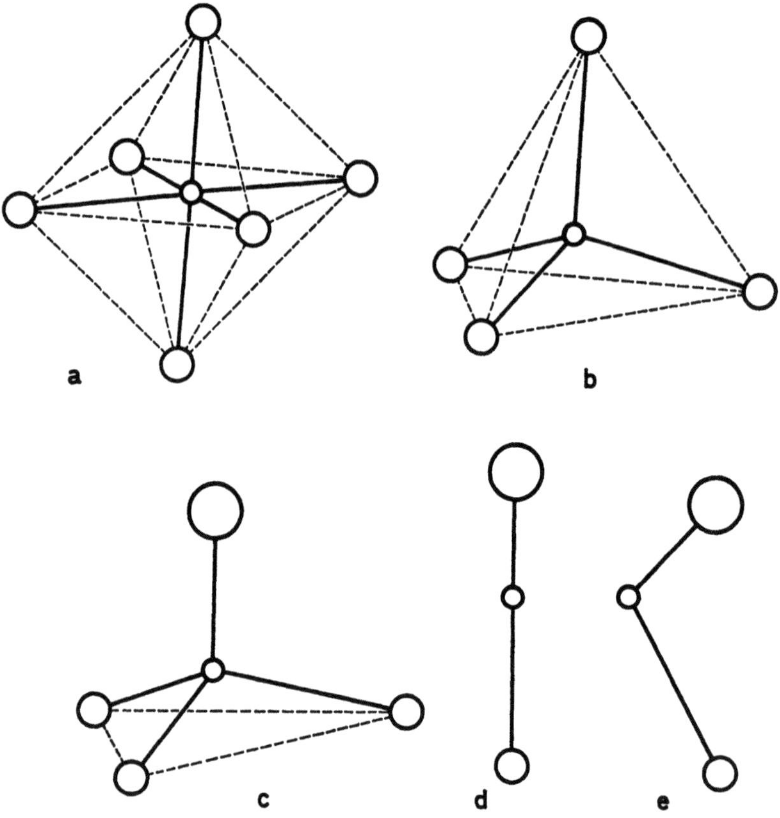

Abb. 24.1 a—e. Einige Molekelstrukturen in der Reihenfolge abnehmender Symmetrie. a) Oktaeder XY_6, kubisch, Kugelkreisel. b) Tetraeder XY_4, kubisch, Kugelkreisel. c) Deformierter Tetraeder XY_3Z, trigonal, symmetrischer Kreisel. d) Lineare Molekel XYZ, rotationssymmetrisch, spezieller symmetrischer Kreisel. e) Winkelmolekel XYZ, triklin, asymmetrischer Kreisel.

24.3. Die Kernbewegung: klassische Behandlung

Die Bewegung des Kerngerüstes kann mit guter Näherung als die eines Systems von N *Massenpunkten* m_k ($k = 1, \ldots, N$) beschrieben werden, die unter der Wirkung von *linearen Federkräften* um die Gleichgewichtsabstände der Struktur schwingen können[3]. Die allgemeinste Bewegung eines solchen Systems enthält $3N$ *Freiheitsgrade* entsprechend

[3] Dies Problem wird ausführlich in der analytischen Mechanik behandelt, so daß wir uns hier auf eine kurze und mehr anschauliche Zusammenfassung der Ergebnisse beschränken können.

den $3N$ Koordinaten X_1, Y_1, Z_1, $X_2, \ldots, Z_N$ der Massenpunkte. Nach der klassischen Mechanik kann sie in ebensoviele Teilbewegungen zerlegt werden, nämlich in eine *Translation*, d.h. die Überlagerung von 3 Translationen nach den 3 Raumrichtungen und $3N - 3$ *Relativbewegungen* der Massenpunkte gegenüber dem Schwerpunkt.

Bei einer *Translation* werden alle Massenpunkte in der Zeit dt um denselben Vektor $d\boldsymbol{R}$ verschoben, d.h. ihre relative Lage zum Schwerpunkt einschließlich der räumlichen Orientierung des Systems bleibt erhalten. Bei der *Relativbewegung* bleibt der Schwerpunkt stehen, d.h. sie kann in einem Koordinatensystem mit dem Ursprung im Schwerpunkt behandelt werden. Dann gelten aber die 3 Bedingungsgleichungen

$$\sum_{k=1}^{N} m_k X_k = 0\,, \qquad \sum_{k=1}^{N} m_k Y_k = 0\,, \qquad \sum_{k=1}^{N} m_k Z_k = 0\,, \tag{24.1}$$

durch die die Zahl der verfügbaren Koordinaten gerade um die drei Translationsfreiheitsgrade reduziert wird.

Bei der *Rotation* um den Schwerpunkt wird das System als starr (keine Schwingungen) vorausgesetzt. Die allgemeinste Rotation ist die Überlagerung von 3 freien Rotationen um die drei Hauptträgheitsachsen, d.h. die Achsen des *Trägheitsellipsoids*[4]. Die Orientierung des Trägheitsellipsoids in der Molekel ist durch deren Symmetrie bestimmt: eine Symmetrieachse oder Spiegelebene der Molekel muß immer mit einer Achse oder Spiegelebene des Trägheitsellipsoids, ein Inversionszentrum mit der Mitte des Ellipsoids zusammenfallen[5]. Hat das Trägheitsellipsoid drei verschieden lange Achsen (3 verschiedene Hauptträgheitsmomente), so heißt die Molekel ein *asymmetrischer Kreisel*, bei einem Rotationsellipsoid ein *symmetrischer Kreisel* und bei einer Trägheitskugel ein *Kugelkreisel* (Abb. 24.1). Bei einer *linearen* Molekel liegen alle Massenpunkte auf einer Geraden, es gibt kein Trägheitsmoment um die Achse, und es wird auch keine Koordinate zur Beschreibung einer Rotation um die Achse verbraucht. In diesem Fall existieren also nur 2, in allen anderen Fällen 3 *Rotationsfreiheitsgrade*.

Werden die Achsen des Trägheitsellipsoids durch die Ziffern $i = 1$, 2, 3 numeriert, so ist in diesem, mit der Molekel starr verbundenen, also mit rotierenden Koordinatensystem die *Rotationsenergie* gegeben durch die Summe der kinetischen Energien um die drei Achsen:

$$\begin{aligned} \mathscr{H} = T &= (\Theta_1 \omega_1^2 + \Theta_2 \omega_2^2 + \Theta_3 \omega_3^2)/2 \\ &= J_1^2/2\,\Theta_1 + J_2^2/2\,\Theta_2 + J_3^2/2\,\Theta_3\,. \end{aligned} \tag{24.2}$$

[4] Zur Erinnerung: das Trägheitsellipsoid wird konstruiert durch Abtragen von $1/\sqrt{\Theta}$ in Richtung jeder beliebigen Achse durch den Schwerpunkt, wenn Θ das Trägheitsmoment um die Achse ist.

[5] Oder darauf senkrecht stehen.

Dabei sind Θ_i, ω_i, J_i das Trägheitsmoment, die Rotationskreisfrequenz, die Drehimpulskomponente um die Achse i.

Schließt man jetzt auch noch die Rotation aus, etwa durch die Forderung, daß nur Bewegungen vorkommen dürfen, bei denen die Massenpunkte die Gleichgewichtslage X_{ek}, Y_{ek}, Z_{ek} ohne Drehimpuls passieren[6], für die also für kleine Verrückungen

$$x_k = X_k - X_{ek} = \Delta X_k = \dot{X}_k \Delta t$$

zyklisch in X, Y, Z

$$\sum_{k=1}^{N} m_k (Y_{ek} \dot{Z}_k - Z_{ek} \dot{Y}_k) = 0 = \sum_{k=1}^{N} m_k (Y_{ek} z_k - Z_{ek} y_k) \tag{24.3}$$

gilt, so werden hierdurch weitere 3(2) Koordinaten festgelegt, und es bleiben nur noch

$$n = 3N - 3 - 3(2) = 3N - 6(5) \tag{24.3'}$$

Freiheitsgrade für die Schwingungen übrig[7]. Es gibt also $n = 3N - 6(5)$ *Normal-* oder *Eigenschwingungen*. Ihre Schwingungsfrequenzen, die *Eigenfrequenzen*, sind größer als Null, müssen aber nicht alle verschieden sein. Haben verschiedene Eigenschwingungen dieselbe Frequenz, so nennt man diese Frequenz *entartet* (oder auch die Schwingungen miteinander entartet). Nicht entartete Frequenzen und Schwingungen heißen *einfach*.

Die *allgemeinste Schwingungsbewegung* ist eine Überlagerung der n Normal- oder Eigenschwingungen[8].

Eine einzelne *Eigenschwingung* hat folgende Kennzeichen:

a) Alle Massenpunkte schwingen simultan mit *derselben Frequenz* (der Eigenfrequenz) um ihre Gleichgewichtslagen.

b) Im Spezialfall einer nicht entarteten Schwingung bewegen sich alle Massenpunkte mit *gleicher Phase* auf *geradlinigen Bahnen* durch die Gleichgewichtslagen, passieren also diese und die Umkehrpunkte zu den gleichen Zeiten[9].

c) Die Schwingung erfolgt unter der Wirkung innerer *Federkräfte*, die zur Gleichgewichtslage hin gerichtet sind und in der Gleichgewichtslage verschwinden. Deshalb bleibt der *Schwerpunkt* stehen[10] und es gibt

---

[6] Man darf nicht generell alle Bewegungen mit Drehimpuls verbieten, da bei Entartung echte Schwingungen *mit* Drehimpuls vorkommen. Diese passieren aber im Gegensatz zu den starren Rotationen nicht die Gleichgewichtslagen, sondern führen auf geschlossenen Bahnen darum herum (Beispiel in Ziffer 26.2).

[7] Die eingeklammerten Zahlen gelten für lineare Molekeln.

[8] Gilt nur bei linearem Kraftgesetz, das wir vorausgesetzt haben.

[9] Zur Bewegungsform entarteter Schwingungen vergleiche unten Seite 108.

[10] Damit sind die Translationen ausgeschlossen.

einen periodischen Wechsel von *kinetischer* und *potentieller Energie*[11]. Die *Eigenfrequenz* wird von der Größe der beanspruchten Federkräfte und der bewegten Massen bestimmt.

Mit Hilfe dieser Kennzeichen kann man bei einfachen Molekeln die *Bewegungsformen* aller n Eigenschwingungen angeben (siehe die Beispiele auf Seite 120). Wir setzen sie hier als schon bekannt voraus und betrachten eine bestimmte Eigenschwingung mit der Eigenfrequenz $\omega = 2\pi\nu$, von der wir auch noch voraussetzen, daß sie *nicht entartet* sei. Dabei seien $\boldsymbol{R}_k(t) - \boldsymbol{R}_{ek} = \boldsymbol{r}_k(t) = (x_k(t), \; y_k(t), \; z_k(t))$ die Auslenkungen der Massenpunkte $k = 1, \ldots, N$ aus ihren Gleichgewichtslagen $\boldsymbol{R}_{ek}$, und A_k, B_k, C_k seien die Werte von $x_k(t)$, $y_k(t)$, $z_k(t)$ in dem einen oder dem anderen der beiden Umkehrpunkte der Bewegung, d.h. die *Amplituden* in den drei Achsenrichtungen[12]. Nach Kennzeichen a) und b) durchlaufen alle Teilchen in gleichen Zeiten gleiche Bruchteile ihrer Bahnen, d.h. alle *relativen Auslenkungen* $x_1(t)/A_1$, $y_1(t)/B_1, \ldots$, $z_N(t)/C_N$ müssen dieselbe Zeitabhängigkeit mit der Eigenfrequenz ω besitzen:

$$x_1/A_1 = y_1/B_1 = z_1/C_1 = \cdots = z_N/C_N = \cos(\omega t + \varphi)\,. \tag{24.4}$$

Dabei berücksichtigt die Phasenkonstante φ die Willkür bei der Festlegung des Zeitnullpunktes. Die Schwingungsamplituden sind durch die Schwingungsform nur in ihrer relativen Größe $A_1 : B_1 : \ldots : C_N$ festgelegt, d.h. bis auf einen willkürlichen gemeinsamen Faktor, der von der Anfangsenergie der Schwingung abhängt. Deshalb führt man genormte Amplituden a_k, b_k, c_k ein, die der *Normierungsbedingung*

$$\sum_{k=1}^{N} m_k (a_k^2 + b_k^2 + c_k^2) = \mathfrak{N} \tag{24.5}$$

genügen, und berücksichtigt beliebige andere zufällige Werte $A_k = \xi_0 a_k$, $B_k = \xi_0 b_k$, $C_k = \xi_0 c_k$ der Amplituden infolge anderer Anfangsbedingungen durch einen verfügbaren Zahlenfaktor ξ_0. Die Norm $\mathfrak{N}$ ist eine Konstante der Dimension [kg m^2], die zweckmäßigerweise für alle Eigenschwingungen gleich groß, etwa gleich $\mathfrak{N} = 10^{-50}$ kg m^2 gewählt wird.

Gleichung (24.5) folgt aus der allgemeineren *Orthonormierungsbedingung*

$$\sum_{k=1}^{N} m_k \left(x_k^{(r)}(t)\, x_k^{(s)}(t) + y_k^{(r)}(t)\, y_k^{(s)}(t) + z_k^{(r)}(t)\, z_k^{(s)}(t)\right) = \delta_{rs}\, \mathfrak{N} \cos(\omega_r t + \varphi_r) \cos(\omega_s t + \varphi_s) \tag{24.6}$$

---

[11] Damit sind auch die Rotationen, die nur kinetische Energie besitzen, ausgeschlossen. Entartete Schwingungen können immer so gewählt werden, daß c) erfüllt ist.

[12] Diese Amplituden können also nach Definition auch negativ sein und brauchen nicht alle dasselbe Vorzeichen zu haben.

für *zwei* durch die Indizes r und s unterschiedene Eigenschwingungen, nämlich als Spezialfall $r = s$ ($\delta_{rs} = 1$) im Umkehrpunkt. Für zwei verschiedene Eigenschwingungen ($r \neq s$) bedeutet (24.6) Orthogonalität ($\delta_{rs} = 0$) d.h. völlige *Entkopplung*[13].

Mit (24.5) werden die Gleichungen (24.4) zu

$$x_1/a_1 = y_1/b_1 = z_1/c_1 = \cdots = z_N/c_N = \xi_0 \cos(\omega t + \varphi) = \xi(t)\,, \quad (24.7)$$

d.h. die Normal- oder Eigenschwingung läßt sich durch die Schwingung einer einzigen Größe, der *Normalkoordinate* $\xi(t)$ beschreiben. Sie ist eine reine Zahl[14]; wenn ihre Amplitude den Wert $\xi_0 = 1$ hat, schwingt die Molekel mit genormten Amplituden nach (24.5).

Für *entartete Schwingungen* läßt sich die Forderung b) der Gleichphasigkeit aller Massenpunktbewegungen nicht allgemein[15] aufrechterhalten. Es treten Phasenverschiebungen auf, und zwar sowohl bei einem und demselben Atom zwischen den Schwingungen längs den drei Koordinatenrichtungen, wie auch zwischen den Bewegungen verschiedener Atome. Ein Atom schwingt also im allgemeinen nicht[16] auf einer Geraden durch die Gleichgewichtslage, sondern auf einer geschlossenen Umlaufbahn um sie herum (Abb. 26.2 d), und die Bewegungen verschiedener Atome sind gegeneinander phasenverschoben. Die Gleichung (24.4) ist dann zu verallgemeinern in

$$x_1/A_1 = \cos(\omega t + \varphi + \varphi_{1x})\,,$$
$$y_1/B_1 = \cos(\omega t + \varphi + \varphi_{1y})\,, \ldots, z_N/C_N = \cos(\omega t + \varphi + \varphi_{Nz}). \quad (24.4')$$

Eleganter kann man allerdings (24.4) mit (24.4′) in die eine für jede beliebige Schwingung geltende, komplex geschriebene Gleichung

$$x_1/A_1 = y_1/B_1 = \cdots = Z_N/C_N = e^{i(\omega t + \varphi)} \quad (24.4'')$$

und analog (24.7) mit (24.4′) in die eine Gleichung

$$x_1/a_1 = y_1/b_1 = \cdots = z_N/C_N = \xi_0\, e^{i(\omega t + \varphi)} = \xi(t) \quad (24.7')$$

zusammenfassen, wenn man zuläßt, daß die *Amplituden* $A_1, \ldots, C_N$ und $a_1 = A_1/\xi_0, \ldots, c_N = C_N/\xi_0$ mit reellen $\xi_0 \geqq 0$, also

$$A_1 = \xi_0\, a_1 = |A_1|\, e^{i\varphi_{1x}}, \ldots, C_N = \xi_0\, c_N = |C_N|\, e^{i\varphi_{Nz}}\,, \quad (24.7'')$$

---

13 Anschaulich: es kann keine Energie von einer Eigenschwingung auf eine andere übertragen werden, solange die Nichtlinearität der Kräfte, die eine Kopplung bewirkt, vernachlässigt wird.

14 Die Bezeichnung „Koordinate" ist etwas irreführend, da sich damit die Vorstellung eines Raumes verbindet. In diesem Sinn schwingen die Normalkoordinaten ξ in einem n-dimensionalen abstrakten Konfigurationsraum. Sie geben keine Auskunft über die Bewegung im Ortsraum.

15 Zum Beispiel dann nicht, wenn die Struktur der Molekel Symmetrieelemente mit Zähligkeiten $p \geqq 3$ enthält.

16 Wie bei den einfachen Schwingungen.

bei *einfachen* Schwingungen nur *reell* (Werte $+1$ oder -1 der Phasenfaktoren $e^{i\varphi_{1z}}, \ldots$), bei *entarteten* Schwingungen aber auch[17] *komplex* (beliebige Werte der Phasenfaktoren) sein können. Nach dieser Übereinkunft brauchen wir im folgenden einfache und entartete Schwingungen formal nicht mehr zu unterscheiden[18].

Unterscheiden wir *verschiedene* Eigenschwingungen durch den Index $s = 1, \ldots, n$, und führen $3N$-dimensionale Vektoren

$$\boldsymbol{r}^{(s)}(t) = \begin{pmatrix} x_1^{(s)}(t) \\ \cdot \\ \cdot \\ \cdot \\ z_N^{(s)}(t) \end{pmatrix} \qquad \boldsymbol{a}^{(s)} = \begin{pmatrix} a_1^{(s)} \\ \cdot \\ \cdot \\ \cdot \\ c_N^{(s)} \end{pmatrix} \tag{24.8}$$

für die Verrückungen und ihre nach (24.5) normierten[19] Amplituden ein, so daß

$$\boldsymbol{r}^{(s)}(t) = \boldsymbol{a}^{(s)}\, e^{i(\omega_s t + \varphi_s)}, \tag{24.9}$$

so kann die *allgemeinste Schwingungsbewegung* geschrieben werden als Summe

$$\boldsymbol{r}(t) = \sum_{s=1}^{n} \xi_0^{(s)} \boldsymbol{r}^{(s)}(t) = \sum_{s=1}^{n} \boldsymbol{a}^{(s)} \xi^{(s)}(t) \tag{24.10}$$

mit den schwingenden Normalkoordinaten

$$\xi^{(s)}(t) = \xi_0^{(s)}\, e^{i(\omega_s t + \varphi_s)}, \qquad s = 1, \ldots, n. \tag{24.11}$$

Das ist die wechselwirkungsfreie *Überlagerung* aller Eigenschwingungen mit willkürlichen Amplituden $\xi_0^{(s)} \boldsymbol{a}^{(s)}$ und Phasen φ_s.

Ihr entspricht im n-dimensionalen abstrakten Konfigurationsraum der Normalkoordinaten der Vektor

$$\boldsymbol{\xi}(t) = \begin{pmatrix} \xi^{(1)}(t) \\ \vdots \\ \xi^{(s)}(t) \\ \vdots \\ \xi^{(n)}(t) \end{pmatrix} \tag{24.12}$$

und nach (24.8/10) ist

$$\begin{aligned} \boldsymbol{r}(t) &= ((a_i^{(s)}))\, \boldsymbol{\xi}(t) \\ \boldsymbol{\xi}(t) &= ((a_i^{(s)}))^{-1}\, \boldsymbol{r}(t) \end{aligned} \tag{24.13}$$

---

17 Nicht immer!

18 Physikalisch zu verwenden ist von jeder komplexen Gleichung hier der Realteil.

19 Bei komplexen Amplituden sind in (24.5) natürlich die Betragsquadrate einzusetzen (vgl. Aufgabe 24.2).

mit der nichtquadratischen Matrix

$$((a_i^{(s)})) = \begin{pmatrix} a_1^{(1)} \dots a_1^{(s)} \dots a_1^{(n)} \\ b_1^{(1)} \dots b_1^{(s)} \dots b_1^{(n)} \\ \vdots \quad \vdots \quad \vdots \\ a_i^{(1)} \dots a_i^{(s)} \dots a_i^{(n)} \\ \vdots \quad \vdots \quad \vdots \\ c_N^{(1)} \dots c_N^{(s)} \dots c_N^{(n)} \end{pmatrix} \tag{24.14}$$

der normierten Eigenschwingungsamplituden aller N Atome als Faktor. Schwingt nur eine (die (s)-te) Eigenschwingung, so hat $\boldsymbol{\xi}(t)$ nur die eine nichtverschwindende Komponente $\xi^{(s)}(t)$, und $\boldsymbol{r}(t)$ reduziert sich auf $\boldsymbol{r}(t) = \boldsymbol{a}^{(s)}\, \xi^{(s)}(t)$.

Übrigens läßt sich auch die *allgemeinste Bewegung überhaupt* in der Form (24.10) schreiben, indem man bis $3N$ summiert und die $3N - n$ Translationen und Rotationen als uneigentliche Schwingungen mit einbezieht. Diese haben wegen des Fehlens von Rückstellkräften die „Schwingungseigenfrequenz"

$$\omega_{n+1} = \omega_{n+2} = \cdots = \omega_{3N} = 0\,.$$

Wir haben das unterlassen, da wir uns hier für die Schwingungen getrennt interessieren.

Es ist zweckmäßig, neben den $\xi^{(s)}(t)$ noch die davon nur durch Faktoren unterschiedenen und ebenfalls *Normalkoordinaten*[20] genannten Größen

$$q^{(s)}(t) = \mathfrak{M}^{1/2}\xi^{(s)}(t) \qquad [\mathrm{kg}^{1/2}\,\mathrm{m} = J^{1/2}\,s] \tag{24.15}$$

und/oder

$$\zeta^{(s)}(t) = \omega_s\, q^{(s)}(t) \qquad [\mathrm{kg}^{1/2}\,\mathrm{m\,s}^{-1} = J^{1/2}] \tag{24.16}$$

einzuführen. Wir benutzen hier nur die $q^{(s)}(t)$. In ihnen und ihren zeitlichen Ableitungen werden kinetische und potentielle Energie rein quadratisch[21], und die *Gesamtenergie* wird

$$\mathscr{H} = T + U = \tfrac{1}{2}\sum_{s=1}^{n}\left(\dot{q}^{(s)}(t)^2 + \omega_s^2\, q^{(s)}(t)^2\right). \tag{24.17}$$

Das ist nichts anderes als die *Hamilton-Funktion* eines Systems von n nicht gekoppelten (d.h. separierten) harmonischen *Oszillatoren* mit den Frequenzen ω_s (Aufgabe 24.1).

Damit haben wir einige Ergebnisse aus der analytischen Mechanik von Massenpunktsystemen rekapituliert, die wir jetzt auf die Rotation und die Schwingung von realen Molekeln anwenden wollen.

---

[20] Sie schwingen jede in einem anderen Konfigurationsraum als die $\xi^{(s)}(t)$.

[21] Das ist in den kartesischen Koordinaten $x_1^{(s)}, \dots, z_N^{(s)}$ nicht der Fall, da auch gemischte Glieder $x_k^{(r)}\, y_l^{(s)}, \dots$ vorkommen.

Aufgabe 24.1

Führe für die eindimensionale Schwingung eines Massenpunktes mit der Bewegungsgleichung $F = m\ddot{x} = -k\,x$ neben der kartesischen Koordinate x auch die *reduzierte Koordinate* $y = m^{1/2}x$, eine Norm $\mathfrak{N}$, sowie die Normalkoordinaten ξ, q und ζ ein. Drücke die Energie durch jede dieser Koordinaten und ihre zeitliche Ableitung aus.

Aufgabe 24.2

Führe *reduzierte Verrückungen* $\bar{x}_k = \sqrt{m_k}x_k$, $\bar{y}_k = \sqrt{m_k}y_k$, $\bar{z}_k = \sqrt{m_k}z_k$ und analog zu (24.8) reduzierte Verrückungs- und Amplitudenvektoren für einfache und entartete Schwingungen ein. Formuliere mit diesen die Orthonormierungsrelationen (24.5/6) allgemein für zwei beliebige Schwingungen.

25. Die Rotationsenergie mehratomiger Molekeln

25.1. Termschema und Eigenzustände

Zur Berechnung der *Rotationsterme*[1] hat man die *Hamilton-Funktion* (24.2) als $\mathscr{H}$-Operator aufzufassen und seine Eigenwerte zu bestimmen. Da $\mathscr{H}$ eine Funktion der Drehimpulskomponenten ist, führt diese Aufgabe auf die Quantelung von *Drehimpulsen* zurück. Da nur zeitlich konstante Größen scharfe Eigenwerte haben (vgl. A Ziffer 21), muß geprüft werden, welche Drehimpulse nach der klassischen Mechanik zeitlich konstant bleiben. Das ist in jedem Fall der *Gesamtdrehimpuls* $\boldsymbol{J}$ nach Länge und Richtung; d.h. nach A Ziffer 21 sind das Betragsquadrat $\boldsymbol{J}^2$ und die Komponente in eine feste Raumrichtung, z.B. $\boldsymbol{J}_z$ gequantelt. Bei genügend hoher Symmetrie der Molekel kann aber außerdem eine Komponente von $\boldsymbol{J}$ in eine innere Achse der Molekel gequantelt sein, wie wir sofort sehen werden. Wir behandeln die Molekeln nach der Gestalt ihres *Trägheitsellipsoids* (Ziffer 24.3) und beginnen mit dem *symmetrischen Kreisel.*

Das Trägheitsellipsoid ist immer dann ein *Rotationsellipsoid,* wenn die Molekel eine mindestens dreizählige Symmetrieachse[2] hat, wie z.B. das CH_3Cl, Abb. 24.1c. Hier muß eine Trägheitsachse in der Molekelachse liegen. In der dazu senkrechten Ebene ist aber das Trägheitsmoment um drei gegeneinander durch $2\pi/3$ verdrehte Achsen gleich groß, d.h. die Schnittellipse dieser Ebene mit dem Ellipsoid muß ein Kreis sein.

---

[1] Im folgenden wird nur die Rotation einer starren Molekel behandelt. Die bei den zweiatomigen Molekeln ausführlich berücksichtigten Einflüsse von Fliehkraftdehnung und gleichzeitiger Schwingung werden hier im allgemeinen vernachlässigt. Dasselbe gilt für elektronische Drehimpulse, da fast alle untersuchten Molekeln ^1S-Grundzustände besitzen.

[2] Erläuterung der Symmetrieachsen in [26].

Die klassische Bewegung eines solchen Körpers ist in Abb. 25.1 *im Vektorgerüstmodell* dargestellt. Er sei so angestoßen worden, daß der Drehimpulsvektor $\boldsymbol{J}$ schief zur Figurenachse 3 steht. Dann wandert die Figurenachse auf einem Kegel um die feste Richtung von $\boldsymbol{J}$ (Nutation), und gleichzeitig rotiert die Molekel um die Figurenachse mit der konstanten Drehimpulskomponente J_3. Diese wird also ebenfalls gequantelt. Mit $\Theta_1 = \Theta_2 = \Theta_\perp$ und $\Theta_3 = \Theta_\parallel$ wird der *Energie-Operator* (24.2) auf $\boldsymbol{J}^2$ und J_3 umgeschrieben[3]

$$\mathscr{H} = (J_1^2 + J_2^2)/2\,\Theta_\perp + J_3^2/2\,\Theta_\parallel = \boldsymbol{J}^2/2\,\Theta_\perp + J_3^2(1/2\,\Theta_\parallel - 1/2\,\Theta_\perp) \quad (25.1)$$

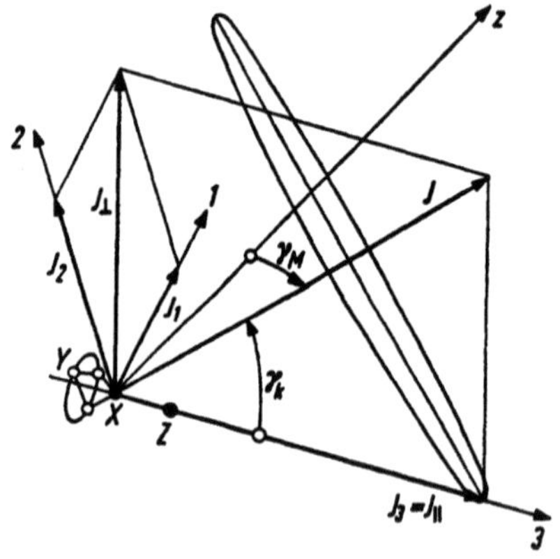

Abb. 25.1. Klassische Rotationsbewegung im Vektorgerüstmodell eines symmetrischen Kreisels (XY_3Z): Rotation der Molekel um die trigonale Molekelachse 3 und Nutation dieser Achse um den nach Größe und Richtung konstanten Drehimpulsvektor $\boldsymbol{J}$. Die Koordinatenachsen 1, 2, 3 liegen fest in der Molekel, die Koordinatenachsen x, y, z (nur z gezeichnet) fest im Raum.

Seine *Eigenwerte* sind nach A Ziffer 21 einfach

$$W(J, k) = J(J+1)\hbar^2/2\,\Theta_\perp + k^2\hbar^2(1/2\,\Theta_\parallel - 1/2\,\Theta_\perp)\,, \quad (25.2)$$

wodurch die beiden *Quantenzahlen*

$$J = 0, 1, 2, \ldots, \quad k = 0, \pm 1, \pm 2, \ldots, \pm J \quad (25.3)$$

[3] Molekelfestes Koordinatensystem 1, 2, 3! Derselbe Formalismus ist schon in Ziffer 13 auf zweiatomige Molekeln angewendet worden. Dort ist Θ_3 das Trägheitsmoment nur der Elektronen.

definiert sind. Im allgemeinen ist das zweite Glied in (25.2) kleiner als das erste. Die Quantenzahl k bestimmt die Winkel γ_k, die $\boldsymbol{J}$ mit der Molekelachse einnehmen kann[4]: es ist

$$\cos\gamma_k = \langle J_3\rangle / \langle|\boldsymbol{J}|\rangle = k/\sqrt{J(J+1)}\,. \tag{25.4}$$

Die Eigenwerte (25.2) hängen nur von k^2 (oder von $K = |k|$) ab, sind also (außer für $k = 0$) zweifach $\{\pm k\}$-*entartet*[5].
Andererseits kann $\boldsymbol{J}$ mit einer festen Raumrichtung[6] (z-Achse) nur die $2J + 1$ Winkel γ_M mit $M = 0, \pm 1, \ldots, \pm J$ und

$$\cos\gamma_M = \langle J_z\rangle/\langle|\boldsymbol{J}|\rangle = M/\sqrt{J(J+1)} \tag{25.5}$$

einnehmen und $\boldsymbol{J}$ präzediert um z, falls diese Richtung durch ein äußeres Feld energetisch ausgezeichnet wird (*Richtungsquantelung*). Ohne äußeres Feld haben diese Zustände dieselbe Energie (*Richtungsentartung*), d.h. die Energien (25.2) sind $2(2J + 1)$-fach entartet wenn $|k| = K > 0$ und $(2J + 1)$-fach entartet wenn $k = K = 0$.

Die *Eigenzustände* haben die Form (hier ohne Beweis)

$$\psi^{\mathrm{rot}}(\vartheta\varphi\chi) = \Theta_{J|k|M}(\vartheta)\,\mathrm{e}^{iM\varphi}\mathrm{e}^{ik\chi}, \tag{25.6}$$

wobei ϑ der Polarwinkel von der raumfesten z-Achse, φ der Drehwinkel um diese Achse und χ der Drehwinkel um die Symmetrieachse der Molekel ist. Im Spezialfall $k = 0$ geht (25.6) in die Kugelflächenfunktion $Y_{JM}(\vartheta\varphi)$ über. Das sind die Rotationszustände (4.11) für zweiatomige Molekeln.

Dies gilt prinzipiell für *alle linearen* (auch mehratomigen) Molekeln, da sie symmetrische Kreisel im Grenzfall $\Theta_\parallel \to 0$, $1/2\Theta_\parallel \to \infty$ sind. Dann sind aber endliche Energien (25.2) nur möglich, wenn generell $k = 0$ ist. Ebenso wie bei zweiatomigen Molekeln[7] sind also die Eigenwerte gegeben durch

$$W(J) = J(J+1)\hbar^2/2\Theta_\perp, \tag{25.7}$$

jeder Eigenwert ist $(2J + 1)$-fach richtungsentartet und die Eigenzustände sind gegeben durch (4.11).

Der *Kugelkreisel* ergibt sich als Grenzfall $\Theta_\parallel \to \Theta_\perp = \Theta$. Dabei geht das von k abhängige Glied in (25.2) für alle k gegen Null, d.h. die Eigenwerte erhalten auch hier die Form (25.7), sind aber jetzt $(2J + 1)^2$-fach

---

[4] Halbe Öffnung des Nutationskegels. Diese halbklassische Bahnbeschreibung hat natürlich keine exakte raum-zeitliche Bedeutung.

[5] In Analogie zu der $\{\pm \Lambda\}$-Entartung der Elektronenterme zweiatomiger Molekeln, Ziffer 11.1.

[6] Raumfestes Koordinatensystem x, y, z!

[7] $\Theta_\perp$ heißt Θ_e in (4.9).

entartet, nämlich je $(2J+1)$-fach wegen der Existenz von M *und* k. Die Eigenzustände sind wieder durch (25.6) gegeben. Alle Molekeln mit kubischer Symmetrie sind Kugelkreisel, z.B. die Tetraedermolekeln CH_4, CCl_4 und die Oktaedermolekel SF_6.

Beim *nichtstarren symmetrischen Kreisel* wird die Fliehkraftdehnung wieder, wie bei den zweiatomigen Molekeln durch Glieder mit höheren Potenzen von $J(J+1)$ und k^2 berücksichtigt. Man erhält statt (25.2), wenn man gleich durch hc dividiert, die Terme

$$W(J,k)/hc = F(J,k) \tag{25.2'}$$
$$= B_\perp J(J+1) + (B_\| - B_\perp)k^2 - D_J J^2(J+1)^2 - D_{Jk} J(J+1)k^2 - D_k k^4 \mp \cdots$$

mit

$$B_{\perp,\|} = \hbar^2/2hc\Theta_{\perp,\|} \quad \text{und} \quad D_J, D_{Jk}, D_k \ll B_\perp, B_\| .$$

Bei einem *asymmetrischen Kreisel* existiert keine innere Molekelachse mit einer zeitlich konstanten Drehimpulskomponente. Hier ist nur der *Gesamtdrehimpuls* gequantelt, d.h. es existieren nur die Quantenzahlen J und M. Jedoch sind weder die Eigenzustände noch die Eigenwerte $W(J)$ einfach anzugeben. Ist der Kreisel annähernd symmetrisch ($\Theta_2 = \Theta_1 + \Delta\Theta$), so kann man von $\Theta_2 = \Theta_1 = \Theta_\perp$, d.h. von (25.1) ausgehen und dann die Deformation ($\Delta\Theta$) als kleine Störung betrachten. Diese Störung bewirkt, daß k aufhört, eine gute Quantenzahl zu sein, sowie eine Aufspaltung der $\{\pm k\}$-Entartung, die bei nur schwach asymmetrischen Kreiseln ebenfalls nur klein ist. Die Energieeigenwerte liegen dann paarweise nahe zusammen. Jeder Eigenwert ist $(2J+1)$-fach richtungsentartet. Dies gilt allgemein für asymmetrische Kreiselmolekeln.

Aufgabe 25.1
Zeichne das Termschema eines symmetrischen Kreisels a) für die beiden Fälle $1/2\Theta_\perp - 1/2\Theta_\| = \pm 0{,}1/2\Theta_\perp$ und b) für den Grenzfall $1/2\Theta_\perp - 1/2\Theta_\| = 0$ des Kugelkreisels.

Aufgabe 25.2
Vergleiche den mehratomigen symmetrischen Kreisel mit dem zweiatomigen, d.h. vergleiche (25.2) mit (12.5). Wodurch unterscheiden sich die Termschemata?

25.2. Rotations-Absorptionsspektren

Elektromagnetische Strahlung kann nur von Dipolmolekeln absorbiert werden[8] (siehe Ziffer 6). Ob eine Molekel ein Dipolmoment hat

[8] Wir haben *starre Rotation* vorausgesetzt, das elektrische Wellenfeld kann also nur an einem *permanenten* Dipolmoment angreifen. Gegensatz: Molekeln ohne permanentes Dipolmoment in der Gleichgewichtslage können während einer (unsymmetrischen) *Schwingung* ein Dipolmoment besitzen, an dem ein elektrisches Feld angreifen kann.

oder nicht, hängt von ihrer Symmetrie ab, die Größe des Dipolmoments vom Bindungstyp (siehe Ziffer 19).

Zum Beispiel kann eine dreiatomige Molekel der Bruttoformel X_2Y linear symmetrisch XYX, linear unsymmetrisch XXY oder gewinkelt ${}_X{}^Y{}_X$ gebaut sein. Im ersten Fall kann sie wegen der Symmetrie kein Dipolmoment, also auch kein Rotations-Absorptionsspektrum besitzen, ein Beispiel ist CO_2. Dagegen besitzt N_2O ein Rotationsspektrum. Da es $4 = 3N - 5$ und nicht $3 = 3N - 6$ Eigenschwingungen besitzt (Ziffer 24.3), muß es eine unsymmetrische lineare Molekel sein. H_2O dagegen hat 3 Eigenschwingungen und ist gewinkelt und polar.

Eine *symmetrische Kreiselmolekel* kann nur ein Dipolmoment parallel zur Molekelachse besitzen. Da diese Achse mindestens dreizählig ist (Zähligkeit $p \geqq 3$), wie z.B. beim CH_3Cl, Abb. 24.1b, würde sich ein schief zur Achse stehendes Dipolmoment p-mal im Winkelabstand $2\pi/p$ wiederholen, d.h. die p Querkomponenten würden sich gegenseitig aufheben. Eine Lichtwelle kann also den Drehimpuls $k\hbar$ um die Molekelachse nicht ändern, wohl aber den Drehimpuls um eine dazu senkrechte Achse. Das bedeutet die *Auswahlregel*.

$$\Delta k = 0\,, \qquad \Delta J = 0, \pm 1 \tag{25.8}$$

für strahlende Übergänge im Termschema. Bei *linearen* Molekeln ist, wie wir oben gezeigt haben, $k = 0$, bei *asymmetrischen* Molekeln ist k nicht definiert. In diesen Fällen gilt nur die ΔJ-Auswahlregel

$$\Delta J = 0, \pm 1\,, \tag{25.9}$$

wobei in Übereinstimmung mit (6.2) bei linearen Molekeln $\Delta J = 0$ verboten ist.

Kugelkreiselmolekeln wie CH_4 oder SF_6 können kein Dipolmoment haben, da die zwischen Zentralatom und Liganden vorhandenen Teilmomente sich zur Resultierenden Null zusammensetzen. Tatsächlich haben auch CH_4 und SF_6 kein Rotations-Absorptionsspektrum.

Im Fall eines *symmetrischen Kreisels* werden nach (25.2) und (25.8) die äquidistanten *Wellenzahlen* (Bezeichnungen wie in Ziffer 6, $J' = J'' + 1$)[9]

$$\begin{aligned}\tilde{\nu} &= [W(J'k'') - W(J''k'')]/hc \\ &= F(J'k'') - F(J''k'') = 2\,B_\perp (J'' + 1)\,, \qquad J'' = 0, 1, \ldots\end{aligned} \tag{25.10}$$

mit

$$B_\perp = \hbar^2/2\,hc\,\Theta_\perp \tag{25.11}$$

[9] $\Delta J = 0$ gibt $\tilde{\nu} = 0$, $\Delta J = -1$ kommt in Absorption nicht vor.

Tabelle 25.1. Rotationskonstanten[1] $B_i = \hbar^2/2h\Theta_i$, Dehnungskonstanten D und Hauptträgheitsmomente Θ_i ($i = 1, 2, 3$), $\Theta_\parallel = \Theta_3$, $\Theta_\perp = \Theta_1 = \Theta_2$ aus den Rotationsspektren einiger einfacher polarer Molekeln (ohne Fehlerangaben). Nach LANDOLT-BÖRNSTEIN, Neue Serie, Band II/4

Struktur	Molekel	B_i [10^6 s^{-1}]	D [10^6 s^{-1}] [3]	Θ_i [10^{-50} kg m^2]
Linear[2]	OCS	B = 6081,493	D = 0,00130	Θ = 137974,6
	HCN	B = 44315,976	D = 0,08724	Θ = 18934,3
	DCN	B = 36207,463	D = 0,05783	Θ = 23174,5
	NNO^{16}	B = 12561,634	D = 0,00528	Θ = 66797,9
	NNO^{18}	B = 11859,11		Θ = 70755,0
Pyramide	NF_3	$B_\perp$ = 10681,02	D_J = 0,01453	$\Theta_\perp$ = 78559,1
			D_{Jk} = − 0,02269	
	PF_3	$B_\perp$ = 7819,99	D_J = 0,007845	$\Theta_\perp$ = 107300,8
			D_{Jk} = 0,01177	
	PCl_3^{35}	$B_\perp$ = 2617,31	D_J = 0,00117	$\Theta_\perp$ = 320592,9
			D_{Jk} = 0,00188	
Deformierter Tetraeder	CH_3F	$B_\perp$ = 25536,147	D_J = 0,05987	$\Theta_\perp$ = 32859,0
			D_{Jk} = 0,44027	
Winkel	HOH = H_2O	B_1 = 835840,29	Δ_J = 37,594	Θ_1 = 1003,89
		B_2 = 435351,72	Δ_{Jk} = − 172,91	Θ_2 = 1927,39
		B_3 = 278138,70	Δ_k = 973,29	Θ_3 = 3016,81
	HOD	B_1 = 701931,50	Δ_J = 10,8375	Θ_1 = 1195,40
		B_2 = 272912,60	Δ_{Jk} = 34,208	Θ_2 = 3074,58
		B_3 = 192055,25	Δ_k = 377,078	Θ_3 = 4369,01
Deformierte Pyramide	NHF_2	B_1 = 53017,12		Θ_1 = 15826,8
		B_2 = 10895,43		Θ_2 = 77015,1
		B_3 = 9307,22		Θ_3 = 90154,8

1 Aus Mikrowellenspektren bestimmt, deshalb ist nicht die Wellenzahl $\tilde{\nu}$, sondern die unmittelbar gemessene Frequenz $\nu = c\tilde{\nu}$ angegeben.

2 $\Theta_\parallel \to 0$, $\Theta_\perp = \Theta$.

3 Für asymmetrische Kreisel nicht durch (25.2′) definiert, deshalb andere Bezeichnung.

erwartet. Die Quantenzahl k'' fällt heraus, d.h. alle Übergänge $\Delta k = 0$ mit verschiedenen k'' fallen zusammen. Erst wenn die Fliehkraftdehnung berücksichtigt wird, spalten diese Übergänge nach (25.2') auf:

$$\tilde{\nu} = 2\,B_\perp(J''+1) - 4\,D_J(J''+1)^3 - 2\,D_{Jk}\,k''^2(J''+1)\,, \qquad (25.12)$$

wobei die Konstanten D_J und D_{Jk} klein gegen $B_\perp$ sind. Mit $k''=0$ gilt das für den Grenzfall linearer Molekeln, wie für zweiatomige schon in Ziffer 6 bewiesen. Jedoch bewirkt die Dehnung dort nur eine geringe Abweichung von der Äquidistanz, bei symmetrischen Kreiseln aber außerdem eine geringe Aufspaltung der Absorptionslinien (Aufgabe 25.4).

Die Rotationsspektren liegen je nach der Größe von $B_\perp$, d.h. $\Theta_\perp$ im Ultrarot oder im Mikrowellengebiet. Aus ihnen können die Rotationskonstanten und damit die Hauptträgheitsmomente, sowie die Dehnungskonstanten experimentell bestimmt werden. In Tabelle 25.1 sind einige experimentelle *Ergebnisse* zusammengestellt. Die Konstanten zeigen den zu erwartenden systematischen Gang mit den Massenänderungen bei Substitution anderer Atome. — Rotationskonstanten von *dipolfreien* (symmetrischen) Molekeln können *Raman-spektroskopisch* bestimmt werden (siehe Ziffer 27).

Aufgabe 25.3
Zeichne im Anschluß an Aufgabe 25.1 die erlaubten Absorptionsübergänge in das Termschema des symmetrischen Kreisels ein.

Aufgabe 25.4
Berechne und zeichne das Rotations-Absorptionsspektrum einer symmetrischen Kreiselmolekel a) ohne und b) mit Berücksichtigung der Fliehkraftdehnung.

Aufgabe 25.5
Wie liegt das Dipolmoment in den asymmetrischen Kreiselmolekeln H_2O, HDO, NH_2F? Hinweis: Symmetriebetrachtung, siehe Tabelle 25.1.

26. Die Schwingungsenergie mehratomiger Molekeln

26.1. Termschema und Eigenzustände

Die Eigenwerte des Energieoperators (24.17) sind die Summen

$$W(v_1, \ldots, v_n) = \sum_{s=1}^{n} \hbar\,\omega_s(v_s + \tfrac{1}{2}) \qquad (26.1)$$

der *Schwingungsenergien* (7.4) von $n = 3N - 6(5)$ ungekoppelten harmonischen Oszillatoren. Der Schwingungsgrundzustand

$$v_1 = v_2 = \cdots = v_n = 0$$

hat die *Nullpunktsenergie*

$$W(0) = \sum_{s=1}^{n} \hbar\, \omega_s/2\,. \tag{26.2}$$

In den höheren Schwingungszuständen der Molekel ist jede Eigenschwingung nach Maßgabe ihrer *Schwingungsquantenzahl* $v_s = 0, 1, 2, \ldots$ angeregt.

Die *Eigenzustände* sind Produkte von Eigenzuständen (7.7) im Konfigurationsraum der Normalkoordinaten, also z.B. der q_s (siehe (24.15)):

$$\psi(v_1, \ldots, v_n) = \psi_{v_1}(q_1)\, \psi_{v_2}(q_2), \ldots, \psi_{v_n}(q_n)\,. \tag{26.3}$$

Dies gilt nur bei kleinen Schwingungsamplituden (kleinen v_s), solange das lineare Kraftgesetz eine gute Näherung ist. Ist das nicht mehr der Fall, so wird durch die nichtlinearen Kräfte streng genommen überhaupt die Separierbarkeit der inneren Bewegung der Molekel in Eigenschwingungen aufgehoben. In allen praktisch vorkommenden Fällen kann jedoch in guter Näherung noch die Existenz von Eigenschwingungen vorausgesetzt werden, nicht mehr jedoch ihre Unabhängigkeit: sie sind durch die nichtlinearen Kräfte miteinander gekoppelt, so daß Energie von einer Schwingung auf eine andere übergehen kann. Wenn im folgenden von Eigenschwingungen gesprochen wird, ist immer diese Näherung gemeint, auch wenn die Anharmonizität der Kräfte nicht ausdrücklich erwähnt wird.

Wenn die *Struktur* einer Molekel und die auf jedes Atom bei Verschiebung wirkenden Rückstellkräfte bekannt sind, können die Eigenfrequenzen und die zugehörigen Schwingungsformen, d.h. die Bahnen der Atome berechnet werden. In Wirklichkeit ist die Situation aber gerade umgekehrt: die Eigenfrequenzen können relativ leicht und sehr genau spektroskopisch gemessen werden. Mit Hilfe von Symmetriebetrachtungen können dann Schlüsse auf die Struktur[1], die Schwingungsformen und schließlich auch die Federkonstanten der Kräfte (Federkraftmodelle) gezogen werden. Alle diese Größen sind heute für sehr viele Molekeln genau bekannt. In dieser Einführung beschränken wir uns auf die Erläuterung der Methode an Hand von einigen einfachen Beispielen.

26.2. Schwingungs-Absorptionsspektren

Bei streng harmonischen Oszillatoren gilt für Absorptionsübergänge die Auswahlregel[2]

$$\Delta v_s = v_s' - v_s'' = 1\,, \quad (s = 1, \ldots, n)\,, \tag{26.4}$$

[1] Diese kann in vielen Fällen auch unabhängig durch Elektronenbeugung an Molekeln im Gaszustand bestimmt werden.

[2] v_s' ist die Quantenzahl des energetisch höheren, v_s'' die des energetisch niedrigeren Niveaus des Oszillators mit der Frequenz ω_s.

d.h. ein Strahlungsquant $\hbar\omega_s$ wird von einem und nur von einem der n Oszillatoren absorbiert (*Einphonon-Übergänge*). Das Absorptionsspektrum enthält die Wellenzahlen ($G = W/hc$, siehe (7.11/12)):

$$\begin{aligned}\tilde{\nu}_s &= G(v_1', \ldots, v_s', \ldots, v_n') - G(v_1', \ldots, v_s' - 1, \ldots, v_n') \\ &= \hbar\,\omega_s/hc = \omega_{es}\,. \end{aligned} \tag{26.5}$$

Die beobachteten Spektrallinien geben also unmittelbar die Eigenfrequenzen[3]. Bei Berücksichtigung der Anharmonizität der Kräfte werden in sukzessive höheren Näherungen auch Übergänge mit

$$\Delta v_s = m_s = 0, \pm 1, \pm 2, \ldots \tag{26.4'}$$

und den Wellenzahlen

$$\begin{aligned}\tilde{\nu} &= G(v_1', \ldots, v_n') - G(v_1' - m_1, \ldots, v_n' - m_n) \\ &= m_1\,\omega_{e1} + m_2\,\omega_{e2} + \cdots + m_n\,\omega_{en} = \sum_{s=1}^{n} m_s\,\omega_{es} \end{aligned} \tag{26.6}$$

erlaubt, bei denen ein Strahlungsquant $\hbar\omega = hc\sum_{s=1}^{n} m_s\omega_{es}$ absorbiert wird und auch negative m_s vorkommen. Die Wahrscheinlichkeit solcher sogenannter *Mehrphononenübergänge*[4] ist um so größer, je kleiner dabei die $\sum_s |m_s|$ ist. Am intensivsten treten also (wie in der klassischen Mechanik) *Oberschwingungen* mit $\tilde{\nu} = 2\omega_{es}$ und *Summen-* und *Differenzschwingungen* mit $\tilde{\nu} = \omega_{er} \pm \omega_{es}$ von zwei Eigenschwingungen auf. In jedem Fall ist die Intensität der *Kombinationsschwingungsbande* (26.6) klein gegen die der *Grund-* oder *Fundamentalschwingungsbande* (26.5). Im folgenden behandeln wir nur noch diese. Die Symmetrie der Molekel, die während der Rotation erhalten bleibt, kann während einer Schwingung erniedrigt werden. Hiernach richtet sich die *Klassifikation* und die Bezeichnung der Eigenschwingungen. Wir behandeln die damit zusammenhängenden Fragen im folgenden nicht in voller theoretischer Allgemeinheit, sondern an Hand einiger anschaulicher *Beispiele*. Dabei können die in die Abbildungen eingezeichneten Vektoren aufgefaßt werden sowohl als die Geschwindigkeiten, mit denen die Atome die Gleichgewichtslage passieren wie auch als die Verschiebungen der Atome aus der Gleichgewichtslage.

---

[3] Klassisch: Resonanzabsorption. Dabei muß sich auch das Dipolmoment, an dem das elektrische Feld der Strahlung angreift, mit der Resonanzfrequenz ändern.

[4] Etwas irreführende Bezeichnung: das eine, vom anharmonischen Schwingungssystem absorbierte Quant läßt sich als Summe von Schwingungsquanten der harmonisch gedachten Eigenschwingungen schreiben. Die angeschriebene Formel ohne Verstimmung der einzelnen Oszillatoren gilt nur im Grenzfall sehr schwacher Kopplung.

An den Beispielen wird vor allem auch der folgende (hier nicht bewiesene) allgemeine Zusammenhang zwischen *Symmetrie* und *Entartung* der Eigenschwingungen demonstriert werden:

Eine *einfache* Schwingung ist relativ zu jedem Symmetrieelement der Molekelstruktur *entweder symmetrisch oder antisymmetrisch.* Das heißt: bei jeder möglichen Symmetrieoperation bleiben die Schwingungsvektoren entweder alle erhalten (Multiplikation mit $+1$, keine Phasenverschiebung) oder sie kehren alle ihre Richtung um (Multiplikation mit -1, Phasenverschiebung π). Einfache Schwingungen transformieren sich also bei allen Symmetrietransformationen in sich selbst, und zwar mit Phasenverschiebungen 0 oder π.

Sind zwei (allgemein g) Schwingungen miteinander *entartet*, so geht jede von ihnen bei mindestens einer der möglichen Symmetrieoperationen in eine Linearkombination (anschaulich: Überlagerung) der beiden (der g) miteinander entarteten Schwingungen über. Nur bei den übrigen Symmetrieoperationen geht auch eine entartete Schwingung in sich über, und zwar mit einer der Phasenverschiebungen $\mu \cdot 2\pi/p$ (p = Zähligkeit der Operation, $\mu = 0, \pm 1, \ldots$). Miteinander entartete Schwingungen transformieren sich also bei mindestens einer Symmetrieoperation nicht in sich selbst, sondern linear untereinander. Das ist das Kennzeichen der sogenannten *Symmetrieentartung.*

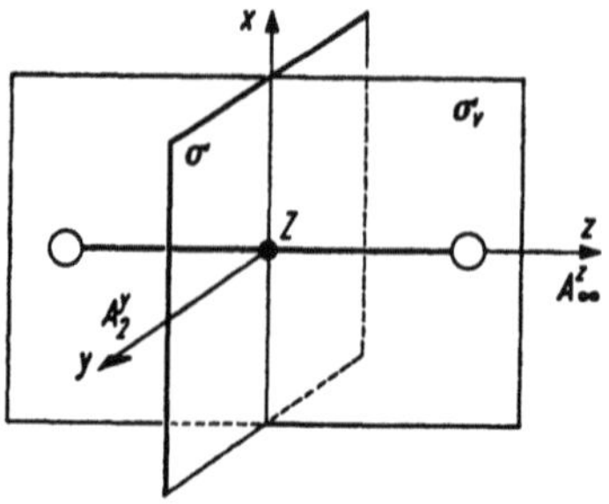

Abb. 26.1. Symmetrieelemente einer symmetrischen linearen Molekel XY_2 (Beispiel: CO_2). Punktsymmetrie: $D_{\infty h}$.

Wir beginnen mit einem einfachen Beispiel, nämlich der CO_2-*Molekel*, von der wir schon wissen, daß sie in der Gleichgewichtslage kein Dipolmoment besitzt[5] (Ziffer 25) und deshalb linear und symmetrisch ist (Abb. 26.1), wobei das C-Atom im Schwerpunkt liegt.

[5] Sie hat *kein permanentes* Dipolmoment.

Die Molekel gehört in die *Punktsymmetrieklasse* $D_{\infty h}$, d.h. sie besitzt (im Gleichgewicht) folgende erzeugende Symmetrieelemente: eine Deckachse A_∞^z mit der Zähligkeit $p = \infty$ in der Molekelachse (z-Achse), eine zweizählige Deckachse A_2^y senkrecht auf der A_∞^z (z.B. in der y-Achse) und ein Inversionszentrum Z im Schwerpunkt. Aus diesen erzeugenden folgen notwendigerweise weitere (sekundäre) Symmetrieelemente, z.B. eine Spiegelebene σ durch Z und senkrecht zur Molekelachse und alle Ebenen σ_v durch die Molekelachse (Aufgabe 26.1). Die Molekel wird also durch folgende Symmetrieoperationen (sowie alle Vielfachen und Kombinationen davon) in eine physikalisch identische Lage überführt: Drehung durch beliebig kleine Winkel $2\pi/p$ um die z-Achse, Drehung durch π um die y-Achse, Inversion an Z, Spiegelung an σ und allen σ_v.

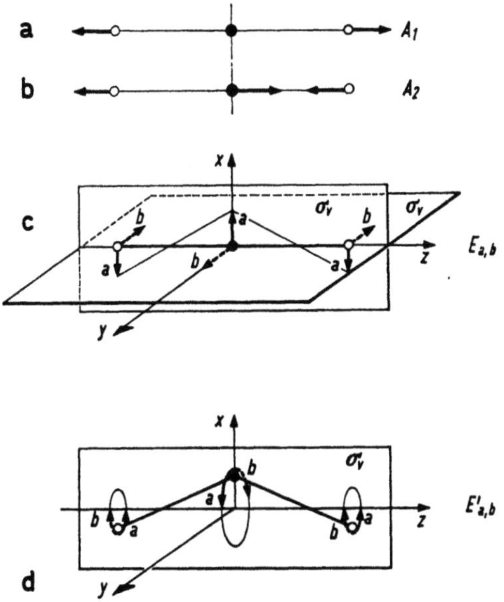

Abb. 26.2 a — d. Eigenschwingungen der symmetrischen linearen Molekel CO_2. Zwei einfache Valenzschwingungen A_1 und A_2. Eine zweifach entartete Knickschwingung $E_{a,b}$ oder Schwungradschwingung $E'_{a,b}$.

Die $n = 3 \cdot 3 - 5 = 4$ *Eigenschwingungen* lassen sich an Hand der in Ziffer 24.3 angegebenen Kennzeichen leicht angeben (Abb. 26.2).

Die Schwingungen A_1 und A_2 heißen *Valenzschwingungen*, da die Atome sich längs der Valenzstriche der Molekel O—C—O bewegen. Die Schwingungen E heißen *Knickschwingungen*. Hier besteht zweifache Symmetrieentartung, da die Knickschwingung E_b in der yz-Ebene (gestrichelte Vektoren) orthogonal[6] auf, d.h. linear

[6] Orthogonalität im Sinn von Gleichung (24.6) bedeutet nicht immer auch anschaulich Orthogonalität der Schwingungsvektoren. Entscheidend ist, daß im Mittel keine Energie übertragen wird, d.h. eine Schwingung nicht von der anderen angefacht werden kann, siehe Abb. 26.2d.

unabhängig von der Knickschwingung E_a in der zx-Ebene (ausgezogene Vektoren) ist, aber natürlich dieselbe Eigenfrequenz besitzt[7]. Aus diesen beiden Schwingungen können durch Überlagerung auf beliebig viele Weisen gleichberechtigte Paare von je zwei neuen orthogonalen Schwingungen derselben Frequenz konstruiert werden; Abb. 26.2d zeigt als Beispiel die durch Überlagerung mit gleichen Amplituden und Phasenverschiebungen von $\pm\pi/2$ aus den Knickschwingungen $E_{a,b}$ entstehenden Schwungradschwingungen $E'_{a,b}$. Diese besitzen entgegengesetzt gleiche *Drehimpulse* $\pm l\hbar$ um die Molekelachse[8].

Die Situation ist hier völlig analog zu der eines Elektronendrehimpulses um die Molekelachse (Ziffer 11.1). Der Quantenzahl $\Lambda = 0, 1, 2, \ldots$ entspricht die Quantenzahl $l = 0, 1, 2, \ldots$, und es gibt demnach auch für diesen Schwingungstyp $\Sigma, \Pi, \Delta, \ldots$-Zustände. Die Zustände mit $l > 0$ sind $\{\pm l\}$-entartet, solange die Molekel nicht rotiert. Mit steigender Rotationsenergie tritt infolge der Wechselwirkung von Schwingung und Rotation eine Aufspaltung, die l-Verdopplung, ein, in voller Analogie zur Λ-Verdopplung (Ziffer 13.3). Wegen der gleichen Symmetrie sind auch bei den Schwingungen, wie bei den Elektronenzuständen, *Plus-* und *Minus*-Zustände und die *Parität* g und u definiert (Ziffer 11.2).

Die beiden *Valenzschwingungen* sind einfach. Die Schwingung A_1 (d.h. das Bild der Schwingungsvektoren in Teilbild 26.2a) geht bei sämtlichen Symmetrieoperationen in sich über: die Schwingung ist symmetrisch gegenüber allen Symmetrieoperationen, sie ist *totalsymmetrisch*. Die Molekel behält also während dieser Schwingung in jedem Augenblick die volle Symmetrie der Gleichgewichtslage bei. Das ist bei den anderen Schwingungen nicht der Fall: A_2 ist *antisymmetrisch* (wechselt das Vorzeichen) bei Inversion und Drehung um die A_2^y, aber *symmetrisch* bei Drehung um die Molekelachse A_∞^z; die Molekel behält also weder das Zentrum Z noch die A_2^y, wohl aber die A_∞^z während der Schwingung bei. Die Knickschwingungen $E_{a,b}$ (Abb. 26.2c) sind *symmetrisch* bei Spiegelung an σ und *antisymmetrisch* bei Inversion. In allen diesen Fällen geht die Schwingung bis auf eine Phasenverschiebung 0 oder π in sich über. Das bedeutet, daß die soeben betrachteten Symmetrioperationen keine Entartung verlangen. Miteinander entartete Schwingungen, wie die Knickschwingungen, transformieren sich aber bei mindestens einer (anderen) Symmetrieoperation *nicht* in sich, sondern linear untereinander, siehe Aufgabe 26.2.

Abb. 26.3 stellt die Eigenschwingungen einer *ebenen symmetrischen* Molekel[9] wie z.B. BF_3 oder CO_3^{2-} dar. Man erkennt auch hier, daß die Verschiebungsvektoren von verschiedenen (einfachen oder miteinander entarteten), d.h. orthogonalen Schwingungen keineswegs alle aufeinander senkrecht stehen (Fußnote 6, Seite 121). Die verschiedene Länge der Vektoren beruht auf der verschiedenen Masse der Atome und der Tatsache, daß der Schwerpunkt erhalten bleibt (siehe auch Abb. 26.2). Werden zwei nach Abb. 26.3 miteinander entartete Schwingungen mit einer Phasenverschiebung (etwa $\pm\pi/2$) überlagert, so entstehen auch hier „Schwungradschwingungen", bei denen die Atome geschlossene Bahnen um ihre Gleichgewichts-

---

[7] Zweifach entartete Schwingungen werden wir als E-Schwingungen, einfache als A-Schwingungen bezeichnen. Im übrigen sind die Bezeichnungen hier willkürlich gewählt.

[8] Sie sind trotzdem keine Rotationen, da die Gleichgewichtslage nicht passiert wird, siehe Ziffer 24.3.

[9] Ionen wie z.B. CO_3^{2-} werden in Lösungen oder in Kristallen von Salzen untersucht.

lagen beschreiben. Dabei sind, wie man sich durch Zeichnung leicht überzeugt, die Bewegungen gleicher Atome an benachbarten Ecken des Dreiecks um $\pm 2\pi/3$ gegeneinander phasenverschoben ($\mu = \pm 1$).

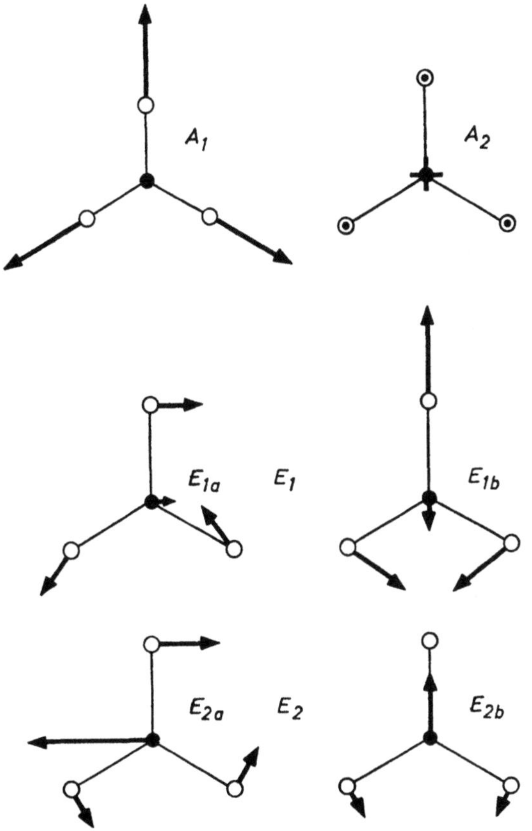

Abb. 26.3. Eigenschwingungen einer ebenen symmetrischen Dreiecksmolekel XY_3 Die Bewegungsvektoren -+- und ⊙ stehen senkrecht zur Zeichenebene. Zwei einfache (A_1, A_2) und zwei zweifach entartete (E_1, E_2) Schwingungen. Nach [16].

Aufgabe 26.1

Zeige, daß aus der Existenz der 3 erzeugenden Symmetrieelemente A_∞^z, A_2^y, Z der CO_2-Molekel die Existenz der folgenden sekundären Elemente folgt: beliebig viele zweizählige Deckachsen $A_2^\perp$ senkrecht auf z durch Z, beliebig viele die A_∞^z enthaltende Spiegelebenen σ_v, eine Spiegelebene durch Z senkrecht auf der A_∞^z.

Aufgabe 26.2

Bei Symmetrieentartung gibt es immer mindestens eine Symmetrieoperation, durch die jede von zwei miteinander entarteten Schwingungen in eine Linearkombination von beiden transformiert wird. Welche ist das bei $E_{a,b}$ und $E'_{a,b}$ von CO_2?

Hinweise:

a) Wie verhalten sich die Knickschwingungen $E_{a,b}$ gegenüber der A^z_∞?

b) Wie verhalten sich die Schwungradschwingungen $E'_{a,b}$ gegenüber den drei erzeugenden Symmetrieelementen?

c) Wie verhalten sich die Schwingungen A_1, A_2, $E_{a,b}$, $E'_{a,b}$ gegenüber den in Aufgabe 26.1 genannten sekundären Symmetrieelementen?

Aufgabe 26.3

Konstruiere die Eigenschwingungen der unsymmetrischen linearen Molekeln H—C—N, D—C—N, Cl—C—N, O—N—N unter qualitativer Berücksichtigung der Massenverhältnisse. Gib die Symmetrie und das schwingende Dipolmoment für jede Schwingung an.

Aufgabe 26.4

Konstruiere die Eigenschwingungen der Dreiecksmolekeln (Winkel $\approx 100°$) H_2O, D_2O, Cl_2O, SO_2 unter qualitativer Berücksichtigung der Massenverhältnisse. Existieren entartete Schwingungen? Gib die Symmetrie der Molekeln und der Schwingungen sowie die Lage des schwingenden Dipolmoments für jede Schwingung an.

Hinweise:

a) Einfache Schwingungen sind entweder symmetrisch oder antisymmetrisch bezüglich eines Symmetrieelementes.

b) Bei Streckung (Winkel $\to 180^0$) müssen die Schwingungen stetig in die von CO_2 übergehen.

Aufgabe 26.5

Jede der in Abb. 26.3 dargestellten Schwingungen geht bei Drehung durch $\pm 2\pi/3$ um die Deckachse in je zwei andere Schwingungen über. Warum bilden diese je drei Schwingungen keine dreifach entarteten Schwingungen?

Hinweis: Diskutiere A-Schwingungen und E-Schwingungen getrennt, letztere auch als „Schwungradschwingungen". Gib für alle Schwingungen das Verhalten gegenüber sämtlichen Symmetrieoperationen an.

Aufgabe 26.6

Bestimme die Lage des schwingenden Dipolmoments für jede in Abb. 26.3 dargestellte Schwingung sowie für die daraus konstruierbaren Schwungradschwingungen. Gib die Symmetrie jeder Schwingung in Abb. 26.3 an.

Die in Abb. 26.2 dargestellte Molekel besitzt ein Inversionszentrum und deshalb in der Gleichgewichtslage kein *elektrisches Dipolmoment* ($P = 0$). Dasselbe gilt auch für jeden Zeitpunkt während des Ablaufs einer zum Inversionszentrum symmetrischen Schwingung ($dP/dt = 0$): Es schwingt also auch kein Dipolmoment, an dem das elektrische Feld einer Lichtwelle angreifen könnte: Schwingungen mit positiver Parität[10] können nicht absorbieren. Derartige Schwingungen heißen *ultrarot-inaktiv*, da die Schwingungsspektren im ultraroten Spektralbereich liegen würden. UR-inaktiv sind in Abb. 26.2 und Abb. 26.3 die totalsymmetrischen Pulsationsschwingungen A_1, während alle anderen Schwingungen *ultrarot-aktiv* sind[11]. Ultrarot-Inaktivität kann auch ohne Inversionszentrum bei sonst genügend hoher Symmetrie der Molekel vorkommen. Bei ultrarot-aktiven Schwingungen ändert sich ein elektrisches Dipolmoment mit der Schwingungsfrequenz. Sie werden also

Tabelle 26.1. Wellenzahlen der Eigenschwingungen einiger einfacher Molekeln aus Ultrarot-Absorption und/oder *Raman-Effekt*

Struktur	Molekel	$\tilde{\nu}/\mathrm{cm}^{-1}$ bei Schwingung				
		A_1	A_2	A_3	E_1	E_2
Linear	OCO	1340	2349	—	667	—
	HCN	2089	3312	—	712	—
	ClCN	729	2201	—	397	—
	NNO	1285	2224	—	589	—
Winkel	HOH	3652	3756	1595	—	—
	DOD	2666	2784	1179	—	—
	ClOCl	680	973	330	—	—
Dreieck	$B^{11}F_3$	888	691	—	1446	480
	$B^{11}Cl_3$	471	462	—	958	243
	CO_3^{--}	1063	879	—	1415	680
Pyramide	PF_3	890	531	—	840	486
	PCl_3	510	257	—	480	190
	PBr_3	380	162	—	400	116

durch ein gleichfrequentes Lichtfeld (im allgemeinen im nahen UR) aufgeschaukelt. Ihre Eigenfrequenzen können also aus den *ultraroten Absorptionsspektren* (URA) bestimmt werden. Dabei ist zu beachten, daß ebenso wie bei den zweiatomigen Molekeln (Ziffer 10) reine Schwingungs-

[10] Positive (negative) Parität haben Schwingungen, deren Schwingungsvektoren bei Inversion an dem Inversionszentrum in sich übergehen (das Vorzeichen wechseln), d. h. symmetrisch (antimetrisch) zum Zentrum sind. Die Parität einer Schwingung ist nur definiert, wenn ein Inversionszentrum existiert.

[11] Zum Beispiel hat CO_2 nur 2, N_2O aber drei ultrarotaktive Schwingungen. Auch daraus folgt, daß CO_2 inversionssymmetrisch (mit Z) ist, N_2O aber nicht.

spektren nicht existieren, sondern daß immer ein *Rotationsschwingungsspektrum* beobachtet wird. Bei linearen mehratomigen Molekeln ist dieses ebenso einfach wie bei den zweiatomigen Molekeln[12], bei den symmetrischen und besonders den asymmetrischen Kreismolekeln, die zwei oder drei verschiedene Rotationskonstanten (Trägheitsmomente) besitzen, jedoch komplizierter. Es lassen sich aber auch aus diesen die *Schwingungsfrequenzen* ableiten[13]. Einige *Ergebnisse* sind in Tabelle 26.1 zusammengestellt. Die Frequenzen zeigen bei vergleichbaren Molekeln mit gleichem Bindungstyp den zu erwartenden Gang mit den Massen der Atome (Ionen), sowie mit den verschieden starken Rückstellkräften bei verschiedenen Schwingungen derselben Molekel. Es sind auch die Frequenzen der ultrarot-inaktiven Eigenschwingungen angegeben. Diese können mit Hilfe des *Raman-Effektes* bestimmt werden, dem wir uns jetzt zuwenden.

---

[12] Hieraus folgt z.B., daß N_2O linear ist, ebenso wie CO_2.

[13] Wir gehen darauf nicht näher ein, da sich gegenüber Ziffer 10 physikalisch nichts wesentlich Neues ergeben würde. Aus demselben Grund verzichten wir auf die Wiedergabe von Spektren. Außerdem kann man die Schwingungsfrequenzen mit ausreichender Genauigkeit oft an Lösungen oder Festkörpern bestimmen, in denen die Rotation unterbunden ist, Schwingungen aber (mit etwas veränderter Frequenz) stattfinden können.

I. Der Raman-Effekt

Der *Raman-Effekt* besteht im Auftreten von Rotations- und Schwingungsfrequenzen im *Streuspektrum* einer gasförmigen, flüssigen oder festen Substanz. Im Experiment wird eine möglichst intensive und monochromatische Lichtwelle[1], deren Frequenz von der Substanz nicht absorbiert wird, in die zu untersuchende Probe eingestrahlt. Das Spektrum des aus der Probe zur Seite gestreuten Lichtes wird (häufig bei einem Streuwinkel von $\pi/2$) spektroskopisch analysiert. Wir behandeln den Streuprozeß zunächst an einem klassischen Modell.

27. Klassische Behandlung

27.1. Das Modell

Wegen ihrer hohen Frequenz wechselwirkt die Lichtwelle nicht unmittelbar mit den Schwingungen und der Rotation einer Molekel, sondern nur mit den leichten Elektronen. Nach Voraussetzung verursacht sie jedoch keine Absorptionsübergänge (Prozesse 1. Ordnung), sondern nur eine *Polarisation* der Molekel (Prozeß 2. Ordnung). Das elektrische Feld $\boldsymbol{E} = \boldsymbol{E}_0 \cos \omega_L t$ der Welle[2] erzeugt durch Verschieben der Elektronenhülle gegen die Kerne ein induziertes *Dipolmoment* $\boldsymbol{P}$, das in ausreichender Näherung proportional zu $\boldsymbol{E}$ ist und also mit der *Erregerfrequenz* ω_L schwingt:

$$\boldsymbol{P} = \boldsymbol{\alpha}\, \boldsymbol{E} = \boldsymbol{\alpha}\, \boldsymbol{E}_0 \cos \omega_L t\,. \tag{27.1}$$

Der Proportionalitätsfaktor $\boldsymbol{\alpha}$ heißt die *Polarisierbarkeit* der Molekel. Sie hängt von der Richtung von $\boldsymbol{E}$ in der Molekel ab und ist deshalb ein symmetrischer Tensor mit den Komponenten

$$\alpha_{ij} = \alpha_{ji}\,, \qquad i, j = x, y, z \tag{27.2}$$

---

[1] Meist im sichtbaren oder ultravioletten Spektralbereich, am besten von einem Laser.

[2] Der Durchmesser der Molekel ist im allgemeinen klein gegen die Lichtwellenlänge, so daß hier mit einer innerhalb der Molekel ortsunabhängigen Feldstärke $\boldsymbol{E}$ gerechnet werden darf. Ferner soll $\boldsymbol{E}$ eine feste Richtung haben (linear polarisiertes Licht).

in einem beliebigen, in der Molekel festliegenden Koordinatensystem, in dem $\boldsymbol{P}$ die Komponenten

$$\begin{aligned} P_x &= \alpha_{xx} E_x + \alpha_{xy} E_y + \alpha_{xz} E_z \\ P_y &= \alpha_{yx} E_x + \alpha_{yy} E_y + \alpha_{yz} E_z \\ P_z &= \alpha_{zx} E_x + \alpha_{zy} E_y + \alpha_{zz} E_z \end{aligned} \tag{27.3}$$

besitzt[3]. $\boldsymbol{\alpha}$ kann (wie das Trägheitsmoment) durch ein Ellipsoid veranschaulicht werden, das *Polarisierbarkeitsellipsoid*. Legt man das Koordinatensystem in die Achsen 1, 2 und 3 dieses Ellipsoids, so wird $\boldsymbol{\alpha}$ diagonal, d.h. (27.3) wird zu

$$P_1 = \alpha_1 E_1, \qquad P_2 = \alpha_2 E_2, \qquad P_3 = \alpha_3 E_3, \tag{27.4}$$

$\alpha_1, \alpha_2, \alpha_3$ sind die *Hauptpolarisierbarkeiten*. Im allgemeinen ist $\alpha_1 \neq \alpha_2 \neq \alpha_3 \neq \alpha_1$, d.h. $\boldsymbol{P}$ ist nicht parallel zu $\boldsymbol{E}$, außer wenn $\boldsymbol{E}$ in einer Achsenrichtung liegt. Bei genügend hoher Symmetrie der Molekel ist aber $\alpha_1 = \alpha_2 \neq \alpha_3$ (Rotationsellipsoid) oder $\alpha_1 = \alpha_2 = \alpha_3$ (Kugel)[4].

Die Polarisierbarkeit mißt die Verschiebbarkeit der Elektronenhülle gegen die Kerne, d.h. mit anderen Worten: eine Art mittlere Bindungsfestigkeit der Elektronen an das Kerngerüst. Diese muß von der relativen Lage der Kerne zueinander, d.h. bei einer schwingenden Molekel vom momentanen Schwingungszustand abhängen. Wegen der Separierbarkeit der Eigenschwingungen genügt es, nur *eine Eigenschwingung* mit der *Eigenfrequenz* ω_s zu betrachten. Dann „sieht" die Lichtwelle eine ebenfalls schwingende Polarisierbarkeit (Index s im folgenden weggelassen)

$$\boldsymbol{\alpha} = \boldsymbol{\alpha}^e + \boldsymbol{\alpha}' \cos(\omega_\alpha t + \varphi). \tag{27.5}$$

$\boldsymbol{\alpha}^e$ ist der Polarisierbarkeitstensor in der Gleichgewichtslage, $\boldsymbol{\alpha}' \ll \boldsymbol{\alpha}^e$ die Amplitude der Änderung von $\boldsymbol{\alpha}$ durch die Schwingung. $\boldsymbol{\alpha}'$ hat oft, aber nicht immer dieselben Hauptachsenrichtungen wie $\boldsymbol{\alpha}^e$. ω_α ist die Schwingungsfrequenz der Polarisierbarkeit. Sie ist oft, aber, wie wir sehen werden, nicht immer gleich der Schwingungsfrequenz ω_s der Molekel. Die Phasenkonstante φ ist nötig, da der Zeitnullpunkt bereits durch die Lichtwelle nach (27.1) festgelegt ist. Wegen der statistischen Unabhängigkeit der thermisch angeregten Schwingungen aller Molekeln in der Probe hat φ beliebig verschiedene Werte für verschiedene Molekeln (inkohärente Streuung).

---

[3] Ausführlichere Darstellungen derartiger Tensoren und Ellipsoide, zu denen auch das Trägheitsmoment gehört, siehe bei [28].

[4] In Analogie zum Trägheitsellipsoid, siehe Ziffer 24.3.

Durch (27.5) kann auch die zeitliche Änderung der von der linear polarisierten Lichtwelle „gesehenen“ Polarisierbarkeit beschrieben werden, wenn bei einer *Rotation* der Molekel das Polarisierbarkeitsellipsoid an der festen Richtung von $\boldsymbol{E}$ vorbeigedreht wird (analog zu Abb. 15.4). $\boldsymbol{\alpha}^e$ bedeutet dann eine mittlere Polarisierbarkeit.

Wir diskutieren zunächst die Konsequenzen aus (27.5) allgemein, stellen also die Behandlung spezieller Fälle zunächst zurück. Einsetzen von (27.5) in (27.1) gibt

$$\boldsymbol{P} = [\boldsymbol{\alpha}^e + \boldsymbol{\alpha}' \cos(\omega_\alpha t + \varphi)] \boldsymbol{E}_0 \cos \omega_L t = \boldsymbol{P}_0(t) \cos \omega_L t \,. \qquad (27.6)$$

Das ist ein mit der Frequenz ω_L schwingender Dipol, dessen *Amplitude* $\boldsymbol{P}_0(t)$ mit der viel kleineren Frequenz $\omega_\alpha \ll \omega_L$ *moduliert* ist:

$$\boldsymbol{P}_0(t) = [\boldsymbol{\alpha}^e + \boldsymbol{\alpha}' \cos(\omega_\alpha t + \varphi)] \boldsymbol{E}_0 \,. \qquad (27.7)$$

Dieselbe Zeitabhängigkeit hat die emittierte Streulichtwelle. Der Spektralapparat trennt ihre Fourierkomponenten. Die mathematische Nachvollziehung ergibt für den Dipol die Fourierreihe

$$\begin{aligned} \boldsymbol{P} = \boldsymbol{\alpha}_e \boldsymbol{E}_0 \cos \omega_L t &+ \tfrac{1}{2} \boldsymbol{\alpha}' \boldsymbol{E}_0 \cos[(\omega_L + \omega_\alpha) t + \varphi] \\ &+ \tfrac{1}{2} \boldsymbol{\alpha}' \boldsymbol{E}_0 \cos[(\omega_L - \omega_\alpha) t - \varphi] \,. \qquad (27.8) \end{aligned}$$

Jedem der drei Glieder entspricht im Streuspektrum eine Spektrallinie mit einer dem Amplitudenquadrat proportionalen Intensität[5]. Das erste Glied ist die *Rayleigh*-Linie mit der eingestrahlten Erregerfrequenz, die beiden anderen sind die *Raman*-Linien. Sie sind gegen die Rayleigh-Linie um die Frequenz ω_α nach kleineren (*Stokes*-Linie $\omega_S = \omega_L - \omega_\alpha$) und nach größeren (*Anti-Stokes*-Linie $\omega_{\bar{S}} = \omega_L + \omega_\alpha$) Frequenzen verschoben, siehe Abb. 28.1b. Durch Messung der Frequenzabstände kann ω_α und damit eine Rotations- oder Schwingungsfrequenz bestimmt werden (siehe Ziffern 27.2 und 27.3). Aus den Intensitäten ergeben sich die Quadrate von gewissen Komponenten des Tensors $\boldsymbol{\alpha}'$.

Wir diskutieren diese Größen jetzt etwas genauer, und zwar getrennt für die Schwingungen und die Rotation.

27.2. Der Schwingungs-Ramaneffekt

Wir setzen, wie immer, kleine Schwingungsamplituden voraus und entwickeln die Polarisierbarkeit $\boldsymbol{\alpha}$ in der Nähe der Gleichgewichtslage

[5] Stokes- und Antistokeslinie haben im klassischen Modell fälschlicherweise dieselbe Intensität, siehe die quantentheoretische Behandlung in Ziffer 28.

nach den Verrückungen aller N Atome, oder, was dasselbe ist[6] und durch (27.5) nahegelegt wird, nach den Normalkoordinaten $\xi^{(s)}(t)$ aller n Eigenschwingungen in der Nähe von $\xi^{(s)} = 0$. Für die *allgemeinste Schwinaungsbewegung* gilt dann die Reihe

$$\begin{aligned} \boldsymbol{\alpha} &= \boldsymbol{\alpha}^e + \sum_{s=1}^{n} \frac{\partial \boldsymbol{\alpha}}{\partial \xi^{(s)}}\bigg|_0 \xi^{(s)} + \frac{1}{2} \sum_r \sum_s \frac{\partial^2 \boldsymbol{\alpha}}{\partial \xi^{(r)} \partial \xi^{(s)}}\bigg|_0 \xi^{(r)} \xi^{(s)} + \cdots \\ &= \boldsymbol{\alpha}^e + \sum_s \boldsymbol{\alpha}^s \xi^{(s)} + \sum_r \sum_s \boldsymbol{\alpha}^{rs} \xi^{(r)} \xi^{(s)} + \cdots \end{aligned} \tag{27.9}$$

mit den Faktoren

$$\boldsymbol{\alpha}^s = \frac{\partial \boldsymbol{\alpha}}{\partial \xi^{(s)}}\bigg|_0 \tag{27.10}$$

$$\boldsymbol{\alpha}^{rs} = \frac{1}{2} \frac{\partial^2 \boldsymbol{\alpha}}{\partial \xi^{(r)} \partial \xi^{(s)}}\bigg|_0 \tag{27.11}$$

Mit (dem Realteil von) (24.11) und $\omega_r \geq \omega_s$ wird

$$\begin{aligned} \boldsymbol{\alpha} = \boldsymbol{\alpha}^e &+ \sum_s \boldsymbol{\alpha}^s \xi_0^{(s)} \cos(\omega_s t + \varphi_s) \\ &+ \sum_r \sum_s \boldsymbol{\alpha}^{rs} \xi_0^{(r)} \xi_0^{(s)} \cos(\omega_r t + \varphi_r) \cos(\omega_s t + \varphi_s) + \cdots \\ = \boldsymbol{\alpha}^e &+ \sum_s \boldsymbol{\alpha}^s \xi_0^{(s)} \cos(\omega_s t + \varphi_s) \\ &+ \sum_r \sum_s \tfrac{1}{2} \boldsymbol{\alpha}^{rs} \xi_0^{(r)} \xi_0^{(s)} \cos[(\omega_r + \omega_s) t + \varphi_r + \varphi_s] \\ &+ \sum_r \sum_s \tfrac{1}{2} \boldsymbol{\alpha}^{rs} \xi_0^{(r)} \xi_0^{(s)} \cos[(\omega_r - \omega_s) t + \varphi_r - \varphi_s] + \cdots . \end{aligned} \tag{27.12}$$

Die zeitliche Änderung der Polarisierbarkeit enthält hiernach folgende Frequenzen: die Grundschwingungsfrequenzen ω_s mit den Amplituden $\boldsymbol{\alpha}^s\,\xi_0^{(s)}$, sowie die Summe[7] $\omega_r + \omega_s$ und die Differenz $\omega_r - \omega_s$ von je zwei[8] Grundschwingungsfrequenzen mit der Amplitude $\frac{1}{2}\,\boldsymbol{\alpha}^{rs}\,\xi_0^{(r)}\xi_0^{(s)}$. Jede dieser Frequenzen[9] kann für ω_α in (27.5) und die folgenden Gleichungen eingesetzt werden.

Es können also sowohl *Fundamental-* wie *Ober-* und *Kombinationsfrequenzen* im *Raman-Spektrum* erscheinen. Entscheidend für die *Inten-*

---

[6] Nach Ziffer 24.3) ist durch Angabe von $\xi^{(s)}$ die Verschiebung aller N Atome bei der Eigenschwingung s eindeutig bestimmt. — Gleichung (27.9) steht für 6 Komponentengleichungen für die 6 unabhängigen α_{ij}.

[7] Einschließlich der Oberschwingungsfrequenz $2\omega_s$ im Spezialfall $r = s$.

[8] Die weggelassenen höheren Glieder in (27.9) würden sukzessive alle Kombinationen aus jeweils 3, 4, ... usw. Frequenzen liefern.

[9] In (27.5) hatten wir uns nur aus Gründen der Anschaulichkeit auf eine Grundschwingung beschränkt.

sität der ihnen entsprechenden *Raman-Linien* sind die Quadrate der Größen (27.10/11), die angeben, wie stark die Polarisierbarkeit sich bei einer Schwingung beim Durchgang durch die Gleichgewichtslage ändert.

Zum Beispiel würde sich $\boldsymbol{\alpha}$ überhaupt nicht ändern, wenn die Elektronenhülle bei der Schwingung nicht deformiert würde. Das wäre der Fall bei einer extremen *Ionenmolekel*, deren Elektronenhülle aus getrennten Ionenhüllen besteht, so daß bei jeder Schwingungsphase

$$\boldsymbol{\alpha}_{\text{Molekel}} = \sum_{\text{Ionen } i} \boldsymbol{\alpha}_i \tag{27.13}$$

ist. Tatsächlich haben auch Ionenmolekeln einen schwächeren *Raman-Effekt* als *Atommolekeln*, die eine vereinigte Elektronenhülle besitzen.

Vor allem hängen aber die $\boldsymbol{\alpha}^s$ und $\boldsymbol{\alpha}^{rs}$ von der *Symmetrie* der Molekel und der Schwingungen ab.

Wir zeigen das am *Beispiel des* CO_2, dessen Eigenschwingungen und Schwingungs-Absorptionsspektrum uns bereits bekannt sind (Ziffer 26).

Es ist anschaulich klar, daß die Symmetrieelemente eines Polarisierbarkeitsellipsoids, nämlich drei zweizählige Deckachsen und drei Spiegelebenen mit den Symmetrieelementen der Molekel zusammenfallen oder auf ihnen senkrecht stehen müssen. Während einer Schwingung gilt dies natürlich nur für diejenigen Symmetrieelemente, die auch während der Schwingung erhalten bleiben. Bei den drei Eigenschwingungen (Abb. 26.2) des CO_2 bleibt nun mindestens entweder die Deckachse A_∞^z oder die Spiegelebene σ (Abb. 26.1) erhalten. Hieraus folgt bereits, daß bei allen drei Eigenschwingungen die Richtung der Achsen von $\boldsymbol{\alpha}$ erhalten bleibt und nur ihre Länge geändert wird. Man darf also (27.4) benutzen. Bei den beiden einfachen Schwingungen bleibt das Ellipsoid rotationssymmetrisch, $\alpha_1 = \alpha_2$, bei der Knickschwingung gilt das nicht mehr. Bei der Schwingung A_1 ($s = 1$) schwingt $\boldsymbol{\alpha}$ mit derselben Frequenz wie die Molekel, denn wenn z.B. eine der Komponenten α_i ($i = 1, 2, 3$) bei der Schwingung von der Gleichgewichtslage nach außen zunimmt (abnimmt), muß sie während der Schwingungsphase nach innen abnehmen (zunehmen), d.h. ihre Periode ist gleich der Periode der Schwingung. Wie in Abb. 27.1 dargestellt, ist $\boldsymbol{\alpha}^1 = \boldsymbol{\alpha}^s$ von Null verschieden.

Die *ultrarot-inaktive Pulsationsschwingung* A_1 tritt also mit der richtigen Schwingungsfrequenz $\omega_\alpha = \omega_1$ im *Raman-Effekt* auf, sie ist *Raman-aktiv*. Dagegen ändert sich bei der zum Inversionszentrum antisymmetrischen Schwingung A_2 ($s = 2$) die Polarisierbarkeit von der Gleichgewichtslage aus in beiden Schwingungsrichtungen in gleichem Sinn (Abb. 27.1), d.h. die Polarisierbarkeit hat bei der Schwingung der O-Atome nach rechts dieselbe Größe wie bei ihrer Schwingung nach links, da die erregende Feldstärke der Lichtwelle wegen der großen Wellenlänge (Fußnote 2 Seite 127), die beiden Enden der Molekel nicht unterscheiden kann. Es ist also $\omega_\alpha = 2\,\omega_2$ und die Molekel passiert die Gleichgewichtslage mit $\boldsymbol{\alpha}^s = \boldsymbol{\alpha}^2 = 0$. Die *ultrarotaktive Schwingung* A_2 ist also *Raman-inaktiv*. Erst das quadratische Glied mit $\boldsymbol{\alpha}^{rs} = \boldsymbol{\alpha}^{22}$ von (27.9), d.h. die Krümmung der Kurve in Abb. 27.1 ist nicht Null. Erst in zweiter Näherung existiert also ein Raman-Effekt, und zwar mit der Frequenz $\omega_\alpha = 2\omega_2$: die *Oberschwingung* von A_2 ist (schwach) Raman-aktiv. Diese Ergebnisse für A_2 gelten ebenso auch für die *Knickschwingung* $E_{a,b}$, wie man sich leicht überzeugt. Jede der Eigenschwingungen (Grundschwingungen) von CO_2 ist also entweder ultrarot-aktiv und Raman-inaktiv, oder Raman-aktiv und ultrarot-inaktiv.

Dieses *Ausschließungsprinzip* gilt ganz allgemein für die Schwingungen aller Molekeln mit *Inversionszentrum*. Zur vollständigen Bestimmung ihrer Eigenschwingungsfrequenzen braucht man also sowohl das Absorptions- wie das Streuspektrum. Existiert kein Inversionszentrum, so sind manche, bei genügend niedriger Symmetrie sogar alle Eigenschwingungen sowohl ultrarot- wie *Raman-aktiv*. Heute sind die Schwingungsfrequenzen und auch die Schwingungsformen sehr vieler Molekeln vollständig bekannt[10].

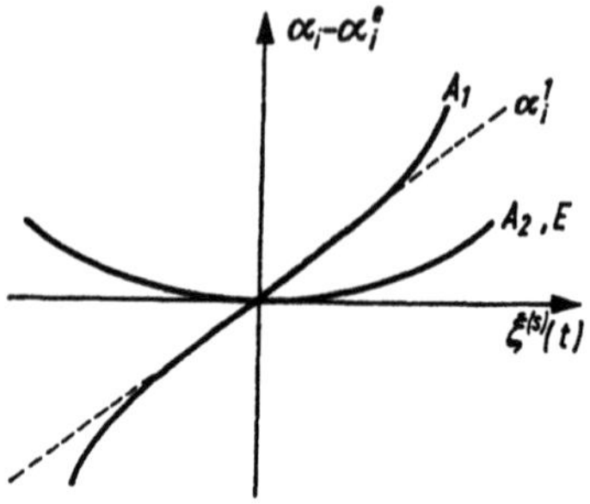

Abb. 27.1. Abhängigkeit der Hauptpolarisierbarkeiten α_i ($i = 1, 2, 3$) von der Normalkoordinaten $\xi^{(s)}(t)$ der Eigenschwingungen von CO_2. Die Vorzeichen von $\alpha_i - \alpha_i^0$ sind willkürlich gewählt. Die Tangentensteigungen in der Gleichgewichtslage $\xi^{(s)} = 0$ geben das erste Glied α_i^1 der Reihenentwicklung nach Potenzen von $\xi^{(s)}$.

Aufgabe 27.1

Untersuche im Anschluß an Aufgabe 26.4 den Schwingungs-Raman-Effekt der dort angegebenen gewinkelten Molekeln. Hinweis: bleiben die Achsenrichtungen des Polarisierbarkeitsellipsoids bei allen Eigenschwingen erhalten? Wenn nicht: mit welcher Frequenz ändern sich die Richtungen? Welche Schwingungen sind Raman-aktiv?

27.3. Der Rotations-Ramaneffekt

Hier ist zu überlegen, welche Bewegung des Polarisierbarkeitsellipsoids eine linear polarisierte Lichtwelle „sieht", wenn eine Molekel rotiert (vgl. Ziffer 27.1). Wir greifen dazu auf das anschauliche *Vektorgerüstmodell* zurück.

---

[10] Bei solchen Molekeln (besonders vielatomigen), die nicht ohne Gefahr der Dissoziation verdampft werden können, aus den Spektren von Lösungen.

Der einfachste Fall sind die *kubischen* Molekeln, deren Polarisierbarkeitsellipsoid[11] eine Kugel ist. Die Polarisation in einer raumfesten Richtung ändert sich bei Rotationen also überhaupt nicht, es ist $\boldsymbol{\alpha}' = 0$: Kugelkreisel zeigen keinen Rotations-Raman-Effekt.

Das $\boldsymbol{\alpha}$-Ellipsoid einer *linearen* Molekel ist rotationssymmetrisch und keine Kugel. Allerdings rotiert $\boldsymbol{\alpha}$, da nur Rotationsachsen senkrecht zur Figurenachse erlaubt sind, nach der schon gewohnten Überlegung mit der doppelten Frequenz[12] wie die Molekel: $\omega_\alpha = 2\omega^{\text{rot}}$. Dies hat zur Folge, daß die Spektrallinien im Rotations-Raman-Spektrum untereinander den doppelten Abstand[13] (nämlich $4B$) haben wie im Rotations-Absorptionsspektrum ($2B$, siehe Ziffer 6), da das absorbierende permanente Dipolmoment $\boldsymbol{P}_e$ mit der Molekelfrequenz rotiert: $\omega_P = \omega^{\text{rot}}$. Bei manchen linearen Molekeln mit gleichen Kernen, wie O_2 oder CO_2, fällt jede zweite Raman-Linie aus, so daß der Linienabstand sogar $8B$ ist. Dies beruht auf Einflüssen des Kernspins (siehe Ziffer 30.3).

Bei *symmetrischen Kreiselmolekeln* ändert sich das $\boldsymbol{\alpha}$-Ellipsoid nicht bei der Rotation um die Molekelachse, diese Rotation führt also nicht zu einem Raman-Effekt. Dagegen führt die Nutation der Figurenachse, bei der das $\boldsymbol{\alpha}$-Ellipsoid mitgeführt wird, zu einem Raman-Effekt. Dabei sieht das elektrische Feld der linear polarisierten Erregerwelle je nach seiner Schwingungsrichtung relativ zu den Richtungen des Molekeldrehimpulses $\boldsymbol{J}$ (Abb. 25.1) die Frequenzen $\omega_\alpha = 0$, ω^{rot}, $2\omega^{\text{rot}}$, wie man sich leicht an Hand von Abb. 25.1 überlegt (Aufgabe 27.2). Im Raman-Spektrum treten also Linienabstände $2B$ und $4B$ auf.

Auch bei der Rotation von *asymmetrischen Kreiselmolekeln* treten die Polarisierbarkeitsfrequenzen $\omega_\alpha = 0, \omega^{\text{rot}}, 2\,\omega^{\text{rot}}$ auf (hier ohne Beweis).

Aufgabe 27.2

Gib in Abb. 25.1 solche Richtungen des elektrischen Vektors $\boldsymbol{E}_0$ der Erregerlichtwelle an, in denen sie die Rotationsfrequenzen $\omega_\alpha = 0$ oder $\omega_\alpha = \omega^{\text{rot}}$ oder $\omega_\alpha = 2\,\omega^{\text{rot}}$ „sieht“.

28. Quantentheoretische Behandlung

In der quantentheoretischen Behandlung des *Raman-Effekts* wird die klassisch-anschauliche Polarisierbarkeit $\boldsymbol{\alpha}$ auf das Termschema der Molekel zurückgeführt. In der Theorie der Wechselwirkung von Licht und

---

[11] Ebenso wie das Trägheitsellipsoid (Ziffer 24.3), es sind Kugelkreisel.

[12] Außer wenn die Rotationsachse zufällig parallel zum erregenden Lichtfeld steht: hier „sieht” das Lichtfeld $\omega_\alpha = 0$.

[13] Der Abstand der ersten Linie von der Erregerlinie hat einen anderen Wert, nämlich $6B$.

Materie ist die *Absorption*[1] eines Photons, d.h. der Fall „Photonenenergie gleich Energiedifferenz im Termschema“ ($\hbar\omega_L = W_e - W_a$), ein Prozeß erster Ordnung. Er wird beherrscht durch das Matrixelement $\langle a|\boldsymbol{P}|e\rangle$ des elektrischen Dipolmoments[2] für den Übergang vom Anfangsniveau W_a zum Endniveau $W_e > W_a$ (siehe etwa die Abb. 5.1 und 8.1). Dagegen ist die *Streuung* eines „nicht in das Termschema passenden“ Photons ($\hbar\omega_L \neq W_e - W_a$) ein Prozeß zweiter Ordnung. Er wird beherrscht von dem Produkt $\langle a|\boldsymbol{P}|z\rangle\langle z|\boldsymbol{P}|e\rangle$ aus den Matrixelementen des Dipolmoments für die Übergänge vom Anfangsniveau W_a zu einem

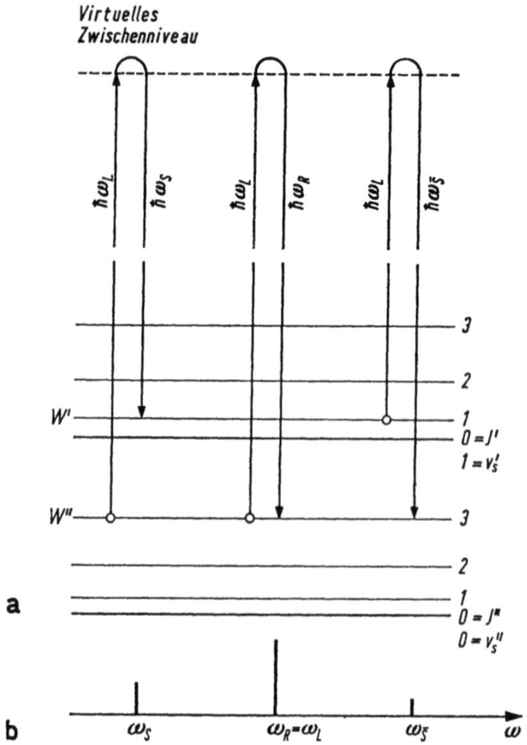

Abb. 28.1 a u. b. *Rayleigh*- und *Raman-Streuung* an einer schwingenden und rotierenden Molekel im Elektronengrundzustand. a) Je ein virtueller *Rayleigh* (R)-, *Stokes* (S)- und *Anti-Stokes* ($\bar{S}$)-*Übergang*. Nicht maßstabsgerecht, $\hbar\omega_L$ ist sehr groß gegen die Abstände der Rotations- und Schwingungsniveaus. b) Die zu den gezeichneten Übergängen gehörenden Spektrallinien.

[1] Und ebenso die Emission, siehe A Ziffer 35.

[2] Siehe A Ziffern 33, 36, 38. Die Streustrahlung höherer Multipolmomente kann aus Intensitätsgründen vernachlässigt werden.

Zwischenniveau W_z und von dort zurück zu dem Endniveau W_e. Dabei sind alle Niveaus der Molekel außer W_a und W_e als Zwischenniveaus zu berücksichtigen. Im Ergebnis wird die Polarisierbarkeit $\boldsymbol{\alpha}$ durch eine Summe über die Matrixelementprodukte für alle virtuellen[3] Übergänge zu allen Zwischenniveaus der Molekel repräsentiert. Zur graphischen Interpretation dieser Rechnung pflegt man an Stelle aller realen W_z nur *ein* sogenanntes *virtuelles Zwischenniveau* in das Termschema der Molekel einzuzeichnen, siehe Abb. 28.1.

Bei der *Stokesschen Raman-Streuung* hat das gestreute Photon eine kleinere Energie $\hbar\omega_S < \hbar\omega_L$ als das eingestrahlte. Die Molekel hat Energie aufgenommen, der Endzustand liegt höher als der Anfangszustand, es ist[4] $W_e = W' > W'' = W_a$ mit

$$\hbar\omega_L - \hbar\omega_S = W' - W'' > 0 . \tag{28.1}$$

Bei der *anti-Stokesschen Streuung* gibt die Molekel Energie ab, es ist $W_e = W'' < W' = W_a$ mit

$$\hbar\omega_L - \hbar\omega_{\bar{S}} = W'' - W' < 0 . \tag{28.2}$$

Während also die *Raman-Streuung* eine *unelastische* Streuung ist, ist die *Rayleigh-Streuung elastisch*: es ist $W_e = W_a$ und

$$\hbar\omega_L - \hbar\omega_R = 0 . \tag{28.3}$$

Für alle drei Streuprozesse ist je ein virtueller Übergang als Beispiel in Abb. 28.1 eingezeichnet. Es ist klar, daß ein Anti-Stokes-Prozeß eine angeregte Molekel voraussetzt. Im thermischen Gleichgewicht muß also bei sinkender Temperatur die *Intensität* aller Anti-Stokes-Linien abnehmen[5] (ebenso wie die Intensität der von angeregten Niveaus (Abb. 28.1) ausgehenden Stokes- und Rayleigh-Linien, unter gleichzeitiger Intensitätszunahme der vom Grundzustand ausgehenden Linien).

Nach dem *Bohrschen Korrespondenzprinzip* (Ziffer A 16) entsprechen den bei der klassischen Diskussion festgestellten Frequenzen ω_α die folgenden *Auswahlregeln* für erlaubte Streuübergänge:

a) Zwischen Rotationsniveaus

bei linearen Molekeln:

$$\Delta J = J' - J'' = 0, \pm 2 \tag{28.4}$$

---

[3] Das eingestrahlte Photon wird nach Voraussetzung nicht absorbiert, seine Wechselwirkung mit dem System wird aber auf andere Übergänge zurückgeführt.

[4] Wie üblich wird auch in Abb. 28.1 $W' \geqq W''$ geschrieben.

[5] In Übereinstimmung mit der Erfahrung. Hier wird also die klassische Behandlung korrigiert, vergleiche Fußnote 5, Seite 129.

bei symmetrischen Kreiseln:

$$\Delta k = 0\,, \qquad \Delta J = 0 \pm 1, \pm 2 \tag{28.5}$$

bei unsymmetrischen Kreiseln:

$$\Delta J = 0, \pm 1, \pm 2\,.$$

b) Zwischen Schwingungsniveaus:

$$\Delta v_s = v_s' - v_s'' = 0, \pm 1, \pm 2, \pm \ldots, \tag{28.6}$$

wobei $s = 1, 2, \ldots, n$ die Eigenschwingungen abzählt. $\Delta v_s = 0$, $\Delta J \neq 0$ gibt ein *reines Rotationsspektrum*; $\Delta v_s = \pm 1$, $\Delta J \gtreqless 0$ das *Rotations-Grundschwingungsspektrum*; $\Delta v_s = \pm 2$, $\Delta J \gtreqless 0$ *das Rotations-Oberschwingungsspektrum*. Es können auch *Kombinationsschwingungen* zweier Eigenschwingungen mit $\Delta v_s = \pm 1$ und $\Delta v_r = \pm 1$ vorkommen[6].

Für alle *Raman-Übergänge* gilt streng die Regel, daß die *Parität* $(-1)^P$ des Gesamtzustandes (Ziffer 11) erhalten bleibt:

$$+ \not\leftrightarrow -\,, \qquad + \leftrightarrow +\,, \qquad - \leftrightarrow -\,. \tag{28.7}$$

Sie folgt unmittelbar daraus, daß ein *Raman-Übergang* zwei hintereinandergeschalteten erlaubten Dipolübergängen $W_a \to W_z$ und $W_z \to W_e$ entspricht, bei denen nach (14.8) die Parität wechselt.

Als *Beispiel* behandeln wir wieder das linearsymmetrische CO_2. Das *Rotations-Raman-Spektrum* entspricht Übergängen mit $\Delta J = \pm 2$ (S- und O-Zweig) zwischen den Rotationstermen des Schwingungsgrundzustandes. Das Rotations-Termschema ist von dem einer zweiatomigen Molekel nicht zu unterscheiden. Nach (25.2′) mit $k = 0$ werden (unter Vernachlässigung der Fliehkraftdehnung) (28.1) und (28.2) zu[7] (die Indizes S und O bezeichnen hier Rotationszweige)

$$\begin{aligned} \tilde{\nu}_S &= \tilde{\nu}_L + (F(J+2,0) - F(J,0)) \\ &= \tilde{\nu}_L + 4\,B_\perp (J + 3/2) \\ \tilde{\nu}_O &= \tilde{\nu}_L - (F(J+2,0) - F(J,0)) \\ &= \tilde{\nu}_L - 4\,B_\perp (J + 3/2) \\ J &= 0, 1, 2, \ldots \end{aligned} \tag{28.8}$$

Das sind ein S-Zweig und ein O-Zweig aus äquidistanten Linien mit dem Abstand $\Delta\tilde{\nu} = 4\,B_\perp$ und dem 3/2 mal so großen Abstand der $J = 0$-Linien von der Erregerlinie. Das Experiment (Abb. 28.2) zeigt, daß alle Linien mit ungeraden J aus-

---

[6] In noch höheren Näherungen auch Kombinationen (26.6) mit $\Delta v_1 = m_1$, $\Delta v_2 = m_2, \ldots, \Delta v_n = m_n$.

[7] Beim *Rotationsschwingungs-Raman-Effekt* kommt analog zu (10.7/8) auf der rechten Seite von (28.8) noch der Schwingungsterm $\tilde{\nu}(v', v'')$ hinzu.

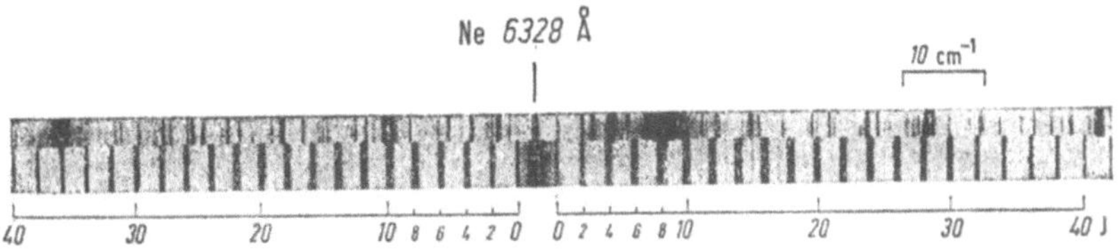

Abb. 28.2. Rotations-Ramanspektrum von CO_2. *S*- und *O*-Zweig $\Delta J = \pm 2$ nach Gl. (28.8). Die Linien mit ungeradem J fallen wegen $I = 0$ aus. Anregung mit He-Ne-Laser, Aufnahme mit hoher spektraler Auflösung. Vergleichsspektrum Fe-Bogen. Nach BARRETT und WEBER (1970).

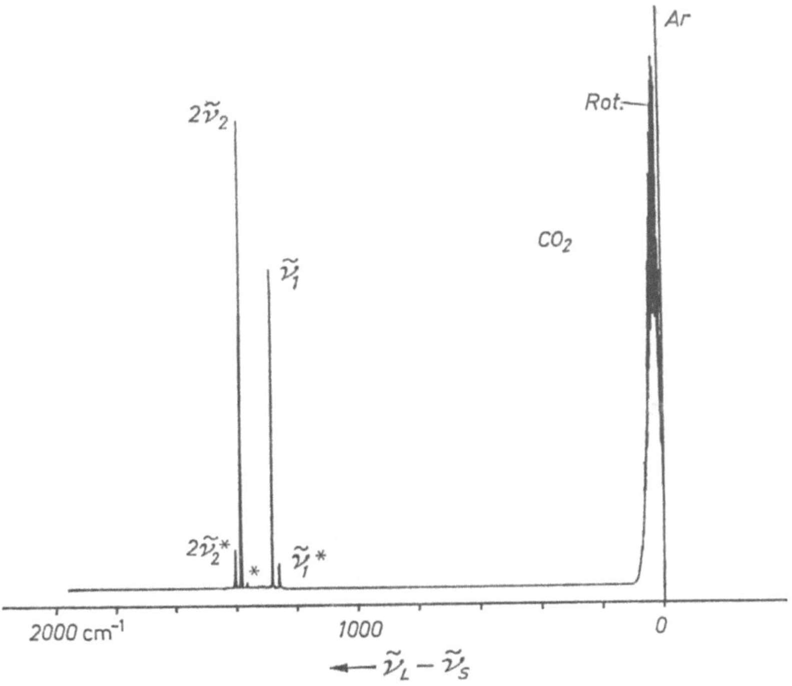

Abb. 28.3. Schwingungs-Raman-Spektrum von CO_2, aufgenommen mit mittlerer spektraler Auflösung. *Ar* = Erregerlinie $\lambda = 5145$ Å des Argon-Ionen-Lasers. Rot. = nicht aufgelöstes reines Rotations-Ramanspektrum, vgl. Abb. 28.2. $\tilde{\nu}_1 \equiv \tilde{\nu}(A_1)$ = Ramanlinie der Pulsations-Grundschwingung A_1. $2\,\tilde{\nu}_2 \equiv 2\,\tilde{\nu}(E)$ = Ramanlinie der Oberschwingung der Knickschwingung E. Beide Linien sind infolge *Fermi-Resonanz* verschoben. $\tilde{\nu}_1^*$ und $2\,\tilde{\nu}_2^*$ sind dieselben Ramanübergänge, aber gemessen an thermisch zu E-Schwingungen erregten Molekeln und deshalb infolge der Anharmonizität der Kräfte gegen $\tilde{\nu}_1$ und $2\,\tilde{\nu}_2$ verstimmt. * bezeichnet die Ramanlinie der A_1-Schwingung der isotopen Molekel $^{13}CO_2$. Aufnahme: J. G. HOCHENBLEICHER.

fallen[8], so daß der Linienabstand $\Delta\tilde{\nu} = 3{,}129\ \mathrm{cm}^{-1} = 8\,B_\perp$ ist, woraus sich $\Theta_\perp = 71{,}1 \cdot 10^{40}\ \mathrm{g\,cm}^2$ und $r_{\mathrm{C-O}} = 1{,}157 \cdot 10^{-8}$ cm ergeben. – Von den drei *Eigenschwingungen* (≡ Grundschwingungen) (siehe Tab. 26.1) erscheint nur die ultrarot-inaktive A_1 im Raman-Spektrum mit der Wellenzahl $\tilde{\nu}_1 \approx 1340\ \mathrm{cm}^{-1}$ (Abb. 28.3).

Dies ist die mittlere Wellenzahl von in Wirklichkeit zwei Linien mit den Wellenzahlen $\tilde{\nu}_1 = 1285\ \mathrm{cm}^{-1}$ und $2\,\tilde{\nu}_2 = 1388\ \mathrm{cm}^{-1}$. Diese unerwartete Komplikation ist zufällig: auch die Oberschwingung[9] $2\,\tilde{\nu}_E = 1334\ \mathrm{cm}^{-1}$ der Knickschwingung ist Raman-aktiv mit einer Frequenz, die mit $\tilde{\nu}_1$ fast in Resonanz steht. Diese zufällige Entartung führt infolge der Kopplung durch nichtlineare Kräfte zu einer Durchmischung[10] und Frequenzverstimmung der Schwingung A_1 und einer der Komponenten von E und somit zu zwei starken Raman-Linien $\tilde{\nu}_1$ und $2\,\tilde{\nu}_2$. An dieser sogenannten *Fermi-Resonanz* ist die andere Komponente von E nicht beteiligt.

Aufgabe 28.1

Zeige, daß die Paritätsregel (28.7) mit den Drehimpulsregeln (28.4/5) und der Schwingungsregel (28.6) verträglich ist. Hinweis: unterscheide Σ-Terme ($\Lambda = 0$) und Elektronenterme mit $\Lambda > 0$.

Aufgabe 28.2

Beweise die Auswahlregeln (28.4/5/6) aus der Tatsache, daß ein *Raman-Übergang* zwei hintereinandergeschalteten elektrischen Dipol-Übergängen entspricht. Hinweis: verwende (25.8/9) und (26.4′).

Aufgabe 28.3

Berechne, zeichne und diskutiere das Rotations-Raman-Spektrum eines symmetrischen Kreisels nach (28.5). Gib qualitativ die Intensitätsverteilung an.

---

[8] Dies beruht auf der Symmetrie $D_{\infty h}$ und der Tatsache, daß der Elektronengrundzustand ein $^1\Sigma_g^+$-Zustand ist. Im Rotations-Raman-Spektrum von O_2, das dieselbe Symmetrie, aber einen $^3\Sigma_g^-$-Grundzustand besitzt, fallen die Linien mit geraden J aus. Entscheidend ist in beiden Fällen, daß der O^{16}-Kern den Kernspin $I = 0$ besitzt. Näheres in Ziffer 30.3.

[9] Insgesamt sind etwa 40 Ober- und Kombinationsschwingungen im UR- und Raman-Spektrum des CO_2 identifiziert worden.

[10] Durchmischt werden die Eigenzustände; A_1 und die eine Komponente von E verlieren ihre Individualität als Eigenschwingungen.

J. Kernspin-Effekte

Wie bei den Atomen (A Ziffer 28) treten auch bei den Molekeln die *Kernspins* in eine schwache Wechselwirkung mit der Elektronenhülle. Dies führt zu einer *Hyperfeinstruktur* der Terme und Spektrallinien, die mit den Methoden der hochauflösenden Licht- und Mikrowellenspektroskopie und der Molekularstrahltechnik untersucht und zur Bestimmung der Spins und der elektrischen und magnetischen *Momente* der Kerne ausgewertet wird. Da die Wechselwirkungsmechanismen aber dieselben sind wie bei den Atomen, wollen wir auf die Behandlung dieser Erscheinungen verzichten.

Viel wichtiger sind Einflüsse der Kernspins auf die *Statistik*, d.h. auf die Häufigkeit, mit der bestimmte Molekelzustände vorkommen können. Da diese Probleme, die es bei Atomen nicht gibt, nur bei Molekeln mit zwei gleichen Kernen auftreten, behandeln wir im folgenden nur diese[1]. Dabei setzen wir immer entkoppelte Teilbewegungen, also Produktzustände (12.1) voraus und verzichten auf die Spezialisierung der Ergebnisse für spezielle Kopplungstypen (Ziffer 13).

29. Austausch gleicher Atomkerne

Wir betrachten eine zweiatomige Molekel AB mit gleichen Kernen[1] und fragen nach der Änderung eines Gesamtzustandes (12.1) bei der Vertauschung der Indizes A und B an den Spin- und Ortskoordinaten. Die Vertauschung der Kernspins wirkt nur auf den Spinzustand $\psi^T(\sigma_A\,\sigma_B)$, die Vertauschung der Kernorte $\boldsymbol{r}_A$, $\boldsymbol{r}_B$ nur auf den Rest des Gesamtzustandes (12.1), den wir mit ψ^R bezeichnen[2]:

$$\psi(\boldsymbol{r}_A\,\sigma_A\,\boldsymbol{r}_B\,\sigma_B\,\boldsymbol{r}_i\,\sigma_i) = \psi^T(\sigma_A\,\sigma_B)\,\psi^R(\boldsymbol{r}_A\,\boldsymbol{r}_B\,\boldsymbol{r}_i\,\sigma_i)\,, \qquad (29.1)$$

$$\psi^R(\boldsymbol{r}_A\,\boldsymbol{r}_B\,\boldsymbol{r}_i\,\sigma_i) = \psi^S(\sigma_i)\,\psi^{\mathrm{el}}(\boldsymbol{r},\boldsymbol{r}_i)\,r^{-1}\,\psi^{\mathrm{vibr}}(r)\,\psi^{\mathrm{rot}}(\vartheta\,\varphi)\,. \qquad (29.1')$$

---

[1] Es wird also nicht nur gleiche Ladung, sondern auch gleiches Isotop (gleicher Kernspin) vorausgesetzt.

[1] Die Buchstaben A und B dienen nur zur Numerierung der beiden Kerne. Physikalisch sind die Kerne nicht unterscheidbar: gerade darauf beruht das *Pauli-Prinzip*.

[2] $R \triangleq$ „gesamter Rotationsterm", siehe Ziffer 12, S. 49.

Bei Vertauschung von A und B multipliziert sich ψ^T mit einem Faktor $(-1)^\tau = \pm 1$ und ψ^R mit einem Faktor $(-1)^\varrho = \pm 1$, so daß

$$\psi(\boldsymbol{r}_B \sigma_B \boldsymbol{r}_A \sigma_A \boldsymbol{r}_i \sigma_i) = (-1)^{\tau+\varrho} \psi(\boldsymbol{r}_A \sigma_A \boldsymbol{r}_B \sigma_B \boldsymbol{r}_i \sigma_i) \tag{29.2}$$

wird[3]. Wir berechnen die beiden Faktoren getrennt.

Bei endlicher Wechselwirkung ist ψ nicht mehr ein einfaches Produkt (29.1/1′), kann aber in eine Reihe nach solchen entwickelt werden. Dabei kommen nur Produkte mit gleicher Produktsymmetrie (gleichem Wert von $(-1)^{\tau+\varrho}$) vor, jedoch brauchen die Faktoren ψ^T und ψ^R nicht in allen Produkten dieselbe Symmetrie zu haben: $(-1)^\tau$ und $(-1)^\varrho$ sind nicht mehr streng definiert[4], der Symmetriecharakter symmetrisch oder antimetrisch kommt nur ψ allein zu. Nur wenn kein Kernspin vorhanden ist ($I = 0$), sind ψ und ψ^R identisch und $(-1)^\varrho$ ist scharf definiert.

Die *Vertauschung* der *Kernorte* ist identisch mit der sukzessiven Durchführung zweier uns schon bekannter Operationen:

a) Die *Inversion aller Teilchen* führt zu

$$\boldsymbol{r}_A \to -\boldsymbol{r}_A, \quad \boldsymbol{r}_B \to -\boldsymbol{r}_B, \quad \boldsymbol{r}_i \to -\boldsymbol{r}_i$$

und somit zu

$$\psi^R(-\boldsymbol{r}_A - \boldsymbol{r}_B - \boldsymbol{r}_i \sigma_i) = (-1)^P \psi^R(\boldsymbol{r}_A \boldsymbol{r}_B \boldsymbol{r}_i \sigma_i). \tag{29.3}$$

Sie liefert einen Paritätsfaktor $(-1)^P$ (oberer Index + oder − an dem „gesamten Rotationsterm“, siehe Ziffer 12).

b) Die anschließende nochmalige *Inversion nur der Elektronen* führt zu $-\boldsymbol{r}_i \to \boldsymbol{r}_i$ und somit zu

$$\psi^R(-\boldsymbol{r}_A - \boldsymbol{r}_B \boldsymbol{r}_i \sigma_i) = (-1)^\pi \psi^R(-\boldsymbol{r}_A - \boldsymbol{r}_B - \boldsymbol{r}_i \sigma_i). \tag{29.4}$$

Sie liefert einen Paritätsfaktor $(-1)^\pi$ (unterer Index g oder u an dem Elektronenterm, siehe Ziffer 11.b).

Da ohne Beschränkung der Allgemeinheit das Koordinatensystem in den Schwerpunkt gelegt werden darf, ist in jedem Augenblick der Bewegung

$$\boldsymbol{r}_B = -\boldsymbol{r}_A, \tag{29.5}$$

d.h. die beiden Inversionen nacheinander führen zu $\boldsymbol{r}_A \to \boldsymbol{r}_B$, $\boldsymbol{r}_B \to \boldsymbol{r}_A$, $\boldsymbol{r}_i \to \boldsymbol{r}_i$, d.h. der Vertauschung der Kernorte, und nach (29.3/4) zu

$$\psi^R(\boldsymbol{r}_B \boldsymbol{r}_A \boldsymbol{r}_i \sigma_i) = (-1)^\varrho \psi^R(\boldsymbol{r}_A \boldsymbol{r}_B \boldsymbol{r}_i \sigma_i). \tag{29.6}$$

---

[3] Bei Entkopplung besitzen also sowohl ψ^T wie auch ψ^R den Symmetriecharakter symmetrisch oder antimetrisch.

[4] Siehe die analoge Diskussion in Ziffer 12.

Bei der Vertauschung der Kernorte[5] multipliziert sich ψ^R insgesamt mit dem Faktor

$$(-1)^{\varrho} = (-1)^{P+\pi} \tag{29.7}$$

oder nach (12.3)

$$(-1)^{\varrho} = (-1)^{J+s+\pi}. \tag{29.8}$$

Dabei ist $(-1)^{\varrho} = +1$, wenn $(-1)^P = (-1)^{\pi}$, und $(-1)^{\varrho} = -1$, wenn $(-1)^P = -(-1)^{\pi}$. Symmetrisch sind also die positiven (negativen) Rotationsterme in geraden (ungeraden) Elektronentermen, antimetrisch die positiven (negativen) Rotationsterme in ungeraden (geraden) Elektronentermen. Mit wachsender Rotationsquantenzahl J sind die Terme in jedem Fall abwechselnd symmetrisch und antimetrisch (siehe (29.8)). Bei $\Lambda > 0$ sind jeweils ein symmetrischer und ein antimetrischer Term mit gleichem J miteinander entartet (siehe Ziffer 12).

Das Verhalten der *Kernspinfunktion* $\psi^T(\sigma_A \sigma_B)$ ist etwas komplizierter, da jeder der beiden Spins eine andere, durch die möglichen Werte ($I_A = I_B = I =$ Kernspinquantenzahl)

$$M_I = I, I-1, \ldots, -I \tag{29.9}$$

der magnetischen Kernspinquantenzahl M_I charakterisierte Richtung haben kann. Wir erläutern das an zwei *Beispielen.*

Ist z.B. $I_A = I_B = 0$, wie bei der $^{16}O_2$-*Molekel*, so gibt es nur einen möglichen Kernspinzustand[6], nämlich den mit $M_{IA} = M_{IB} = 0$. Da sich hier beide Spins im gleichen Zustand befinden, kann ihre Vertauschung die Spinfunktion nicht ändern, sie ist symmetrisch:

$$\psi^T(\sigma_B \sigma_A) = (-1)^{\tau} \psi(\sigma_A \sigma_B) = \psi(\sigma_A \sigma_B) \tag{29.10}$$

mit $(-1)^{\tau} = +1$. Da die vertauschten Kerne *Bosonen* sind, muß der Gesamtzustand (29.1) symmetrisch gegen Kernvertauschung sein, d.h. mit (29.7/8) ist

$$(-1)^{\tau+\varrho} = (-1)^{\varrho} = (-1)^{P+\pi} = (-1)^{J+s+\pi} = +1. \tag{29.10'}$$

Es muß also auch der Rotationsterm ψ^R (streng, siehe oben) symmetrisch sein, d.h. es kommen in einem geraden (ungeraden) Elektronenzustand nur positive (negative) Rotationsterme wirklich vor (Beispiele siehe in Aufgabe 29.1).

Ist $I_A = I_B = 1/2$, wie z.B. bei der H_2-*Molekel*, so existieren (bei entkoppelten Spins) vier mögliche Kernspinzustände, nämlich

$$\uparrow\uparrow \quad M_{IA} = M_{IB} = 1/2, \quad \psi^T = \psi_A(1/2)\,\psi_B(1/2), \tag{29.11a}$$

$$\downarrow\downarrow \quad M_{IA} = M_{IB} = -1/2, \quad \psi^T = \psi_A(-1/2)\,\psi_B(-1/2), \tag{29.11b}$$

$$\uparrow\downarrow \quad M_{IA} = -M_{IB} = 1/2, \quad \psi^T = \psi_A(1/2)\,\psi_B(-1/2), \tag{29.11c}$$

$$\downarrow\uparrow \quad M_{IA} = -M_{IB} = -1/2, \quad \psi^T = \psi_A(-1/2)\,\psi_B(1/2). \tag{29.11d}$$

---

[5] Sie ist hier natürlich identisch mit der Inversion der Kernorte allein.

[6] Anschaulich: es gibt keinen Kernspin, man kann ψ^T einfach weglassen.

Die beiden ersten Zustände (29.11a/b) sind *symmetrisch* gegen Kernvertauschung und haben verschiedene Energie[7]. Die beiden letzten Zustände (29.11c/d) sind miteinander entartet und unterscheiden sich nur durch die individuelle Richtung der beiden Spins A und B (*Kernaustauschentartung*). Wie bei der Elektronenaustauschentartung in Ziffer 21 bilden wir aus (29.11c) und (29.11d) zwei neue Zustände ohne individuelle Unterscheidung zweier gleicher Teilchen, nämlich

$$\psi_1^T = (\psi_A(1/2)\,\psi_B(-1/2) + \psi_B(1/2)\,\psi_A(-1/2))/\sqrt{2}\,, \qquad (29.12\,\mathrm{a})$$

$$\psi_2^T = (\psi_A(1/2)\,\psi_B(-1/2) - \psi_B(1/2)\,\psi_A(-1/2))/\sqrt{2}\,, \qquad (29.12\,\mathrm{b})$$

von denen der erste symmetrisch, der zweite antimetrisch gegen Vertauschung von A und B ist und die durch die Spinwechselwirkung aufgespalten werden. Insgesamt existieren also 3 symmetrische ($(-1)^\tau = +1$) Kernspinzustände und nur 1 antimetrischer ($(-1)^\tau = -1$) Kernspinzustand[8]. Da die Kerne *Fermionen* sind, muß der *Gesamtzustand* (29.1) antimetrisch,

$$(-1)^{\tau+\varrho} = -1 \qquad (29.13)$$

sein. Der *Rotationszustand* ψ^R muß also bei den 3 symmetrischen Kernspinzuständen antimetrisch ($(-1)^\varrho = -1$), bei dem antimetrischen Kernzustand aber symmetrisch ($(-1)^\varrho = +1$) sein. Wenn wir die sehr kleinen Energieunterschiede zwischen den verschiedenen Kernspinzuständen vernachlässigen[9], treten hiernach die antimetrischen Rotationszustände mit dem dreifachen statistischen Gewicht, nämlich $3(2J+1)$ auf wie die symmetrischen, die nur die $(2J+1)$-fache Richtungsentartung aufweisen[10]. Nach (29.7) sind in einem geraden Elektronenterm die negativen, in einem ungeraden Term die positiven Rotationsniveaus die stärker besetzten.

Allgemein gelten für die Kernspinzustände ψ^T bei beliebigem Kernspin $I_A = I_B = I$ folgende Gesetze (hier ohne Beweis):

Der *gesamte Kernspin* kann nach den Regeln der Vektoraddition die Werte

$$T = 2I, \quad 2I-1, \ldots, 1, 0 \qquad (29.14)$$

annehmen. Dann sind alle Spinzustände zu

$$T = 2I, \quad 2I-2, \quad 2I-4, \ldots, \begin{cases} 0 & (I \text{ ganzzahlig}) \\ 1 & (I \text{ halbzahlig}) \end{cases} \qquad (29.15)$$

symmetrisch, und alle Spinzustände zu

$$T = 2I-1, \quad 2I-3, \ldots, \begin{cases} 1 & (I \text{ ganzzahlig}) \\ 0 & (I \text{ halbzahlig}) \end{cases} \qquad (29.16)$$

---

[7] Etwa in einem äußeren Magnetfeld.

[8] Erstere gehören zum *Gesamtkernspin* $T = I_A + I_B = 1$ (Triplett), letzterer ist der Singulett-Zustand $T = I_A - I_B = 0$.

[9] Sie gehen im allgemeinen in der Termbreite unter, können also in den Spektren nicht aufgelöst werden.

[10] Erstere heißen auch ortho-Zustände, letztere para-Zustände, siehe Ziffer 30.2.

antimetrisch gegen Kernaustausch. Da $(2T + 1)$ Spinzustände zu jedem Wert von T gehören, ist das Verhältnis der *statistischen Gewichte* (Häufigkeiten) von antimetrischen zu symmetrischen Kernspinzuständen für alle I gleich

$$\frac{g_a}{g_s} = \frac{I}{I+1} \tag{29.17}$$

was z.B., wie es sein muß, für $I = 0$ und $I = 1/2$ richtig die oben abgeleiteten Werte 0 und 1/3 gibt. Die experimentelle Bestimmung des Häufigkeitsverhältnisses g_a/g_s liefert nach (29.17) unmittelbar die Kernspinquantenzahl I (Näheres in Ziffer 30).

Aufgabe 29.1

Zu welchen Werten der Rotationsquantenzahl J gehören (a) bei $I = 0$ die vorkommenden (ausfallenden), (b) bei $I = 1/2$ die häufiger (seltener) vorkommenden Rotationsterme, wenn der Elektronenterm ${}^1\Sigma_g^+$, ${}^1\Sigma_u^+$, ${}^1\Sigma_g^-$, ${}^1\Sigma_u^-$, ${}^1\Pi_g$, ${}^1\Pi_u$-Term ist? Hinweis: Gleichung (29.7/8) und Kontrolle durch (29.17).

Aufgabe 29.2

a) Stelle analog zum Text die symmetrischen und antimetrischen Kernspinzustände für $I_A = I_B = I = 1$ (D_2, N_2) auf.

b) Gib das Häufigkeitsverhältnis an.

c) Zeige, daß die zum Gesamtkernspin $T = 2{,}0$ gehörenden Kernspinzustände symmetrisch, die zu $T = 1$ gehörenden antimetrisch sind.

Aufgabe 29.3

Analog zu Aufgabe 29.1 für $I = 1$. Hinweis: Aufgabe 29.2.

Aufgabe 29.4

Beweise (29.17) aus (29.15) und (29.16).

Aufgabe 29.5

Die infolge des Kernspins statistisch häufigeren Rotationszustände heißen *Ortho*-Zustände, die selteneren *Para*-Zustände. Welche Rotationsniveaus gehören zu *Ortho*-, welche zu *Para-Wasserstoff* a) bei H_2, b) bei D_2? Wozu gehört der Grundzustand $J = 0$ in den beiden Isotopen? Hinweis: Elektronengrundzustand in beiden Fällen: ${}^1\Sigma_g^+$. Kernspins: $I_H = 1/2$, $I_D = 1$.

30. Die Austausch-Übergangsregel

30.1. Symmetrische Operatoren

Da jeder Molekelzustand nach dem *Pauli-Prinzip* streng symmetrisch oder antimetrisch gegen Vertauschung gleicher Teilchen ist, erhebt sich die Frage nach den Regeln, die aus dieser Symmetrieeigenschaft für die *Übergänge* zwischen zwei Zuständen folgen.

Als Beispiel betrachten wir Übergänge unter *elektrischer Dipolstrahlung*. Nach A Ziffer 38 können solche Übergänge nur auftreten, wenn das Matrixelement

$$\boldsymbol{P}_{ae} = \langle \psi_a | \boldsymbol{P} | \psi_e \rangle \tag{30.1}$$

des elektrischen Dipolmoments

$$\boldsymbol{P} = \sum_i q_i \boldsymbol{r}_i \tag{30.2}$$

nicht verschwindet. Dabei sind ψ_a und ψ_e der Anfangs- und Endzustand des Übergangs und bei $\boldsymbol{P}$ ist zu summieren über alle Elektronen und beide Kerne, also $i = A, B, 1, \ldots, N$. Die Vektorgleichung (30.1) steht für drei Komponentengleichungen.

Das Matrixelement muß als bestimmtes Integral invariant[1] gegen die Vertauschung (Numerierung) der Teilchen sein, oder es verschwindet[2]. Nun multiplizieren sich nach der vorigen Ziffer 29 beide Zustände ψ_a und ψ_e bei Vertauschung zweier gleicher Teilchen mit demselben Faktor -1 (Fermionenvertauschung) oder $+1$ (Bosonenvertauschung). Ihr Produkt ist also invariant gegen Vertauschung. Deshalb muß auch $\boldsymbol{P}$ invariant gegen Vertauschung sein. Das ist in der Tat der Fall, da sich dabei in (30.2) nur die Reihenfolge der Summation über die Elektronen und Kerne ändert. Es können also nichtverschwindende Matrixelemente (30.1) des elektrischen Dipolmoments existieren: Übergänge mit elektrischer Dipolstrahlung sind mit dem Austausch zweier gleicher Teilchen verträglich.

Dasselbe gilt ebenso (und nur) für die Matrixelemente aller anderen Operatoren, die gegen Vertauschung gleicher Teilchen invariant (symmetrisch) sind. Hierzu gehören z.B. alle elektrischen und magnetischen Multipolmomente (auf denen die Multipolstrahlung beruht), ferner die Wechselwirkungsenergie zweier Molekeln bei einem Zusammenstoß (durch die die thermische Stoßanregung erfolgt) und alle anderen in den Teilchen additiven Operatoren.

Umgekehrt ermöglichen solche Operatoren auch *nur* Übergänge zwischen Zuständen *gleicher* Symmetrie. Das ist zwar nach dem Gesagten trivial für die Gesamtzustände ψ_a und ψ_e, führt aber zu interessanten Folgerungen für die Teilzustände in (29.1/1'), wenn die Zustände noch angenähert Produktzustände sind und der betrachtete Operator nicht auf alle Koordinaten wirkt. Wir erläutern das an einigen wichtigen Beispielen.

---

[1] Oder, was dasselbe ist, symmetrisch.
[2] Vergleiche die Diskussion in A Ziffer 38.

30.2. Ortho- und Para-Wasserstoff

Die *H_2-Molekel* hat zwei *Fermi-Kerne* mit dem Kernspin $I = 1/2$. Deshalb sind die antimetrischen Rotationszustände ($\triangleq$ symmetrischen Kernspinzustände) die häufigeren. Da der Elektronengrundzustand ein ${}^1\Sigma_g^+$-Term ist, sind das nach (29.8) die Rotationszustände mit ungeraden $J = 1, 3, \ldots$. Die Rotationszustände mit geraden $J = 0, 2, 4, \ldots$ sind symmetrisch und um den Faktor 1/3 weniger häufig. Wegen $\Lambda = 0$ ist jedes Rotationsniveau einfach (vgl. Abb. 12.2). Bei streng entkoppelten

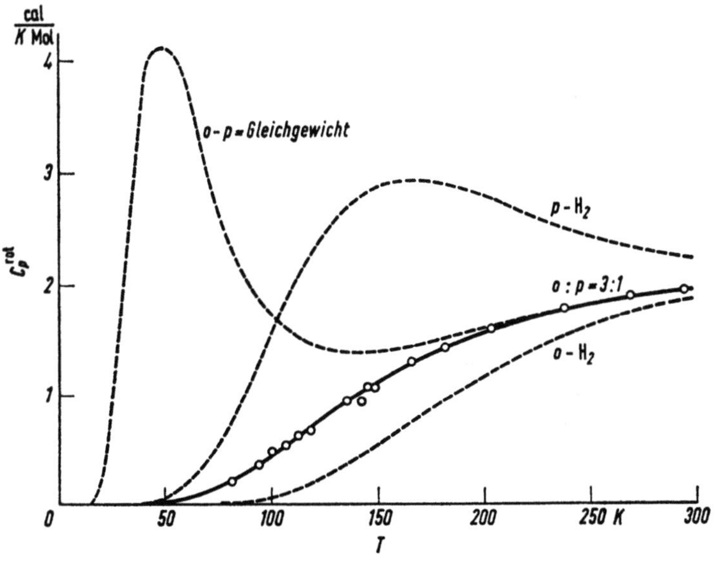

Abb. 30.1. Die spezifische Rotations-Wärme von Wasserstoff H_2, gemessen bei konstantem Druck innerhalb einer Zeit, in der sich thermisches Gleichgewicht innerhalb des o-H_2 (75%) und innerhalb des p-H_2 (25%), nicht aber zwischen beiden einstellen kann. Die eingezeichneten Kurven sind aus dem Rotationstermschema berechnet für 100% p-H_2, 100% o-H_2, und für Gleichgewicht auch zwischen o-H_2 und p-H_2. Die Messungen bestätigen das erwartete Verhältnis $o:p = 3:1$ von zwei getrennten Modifikationen. Von der gemessenen gesamten spezifischen Wärme ist die spezifische Translationswärme $C_p^{\text{trans}} = 5R/2$ abgezogen. Die spezifische Schwingungswärme kann vernachlässigt werden. Nach [1].

Kernspins wären also nur Übergänge innerhalb des Termsystems mit geraden J und innerhalb des Termsystems mit ungeraden J möglich, nicht aber zwischen den beiden. Man hat also zwei getrennte Wasserstoff-Modifikationen, zwischen denen in erster Näherung kein Energieaustausch möglich ist, so daß sich wohl innerhalb jeder Modifikation eine thermische Gleichgewichtsbesetzung der Niveaus einstellen kann, nicht aber zwischen beiden. Die statistisch häufigere Modifikation heißt *Ortho-*, die andere *Parawasserstoff*. Bei sehr tiefen Temperaturen würden sich also alle Molekeln des Parawasserstoffs im tiefsten Niveau ($J = 0$), die des Orthowasserstoffs im ersten angeregten Zustand ($J = 1$) befinden. In Wirklichkeit sorgt jedoch die wenn auch sehr schwache Kopplung der Kernspins an die Elektronenhülle dafür, daß die Rotationszustände nicht streng symmetrisch oder antimetrisch sind, sondern schwache Beimischungen der jeweils anderen Symmetrie enthalten. Diese erlauben doch Übergänge zwischen den beiden Modifikationen, so daß bei tiefen Temperaturen schließlich alle Molekeln sich im tiefsten Rotationsniveau $J = 0$ befinden, d.h. reiner Parawasserstoff vorliegt. Allerdings ist die Übergangswahrscheinlichkeit so klein, daß die *ortho-para-Umwandlung* bei der Temperatur des flüssigen H_2 Zeiten von Monaten bis zu Jahren[3] erfordert. Dies gibt andererseits die Möglichkeit, das p-H_2 wieder zu verdampfen, und während einer längeren Zeit mit reinem p-H_2, in dem nur Terme mit geradem J besetzt sind, zu experimentieren. Tatsächlich wird auch das Fehlen der Zustände mit ungeradem J in den *Rotationsspektren* (Ziffer 30.3) beobachtet. Ferner zeigt die *spezifische Wärme* des Gases die zu erwartende Anomalie (Abb. 30.1).

Verflüssigung von *schwerem Wasserstoff* D_2 führt nicht zur para-, sondern zur ortho-Modifikation, da die Deuteronen *Bose-Kerne* sind ($I = 1$), siehe Aufgabe 29.5.

Aufgabe 30.1
Zeichne das Rotationstermschema des $^1\Sigma_g^+$-Grundzustands von H_2 und D_2 und gib zu jedem Niveau die Vertauschungssymmetrie (s, a) und den Entartungsgrad an.

30.3. Rotationsstruktur der Spektren

Wir setzen zunächst Produktzustände (29.1) voraus und untersuchen den Einfluß des Kernaustauschs auf die *elektrische Dipolstrahlung*, deren Operator $\boldsymbol{P}$ nach (30.2) nur auf die Kernortskoordinaten, d.h. nur auf den Teilzustand ψ^R von (29.1) wirkt. Dann ist das Übergangsmatrixelement (30.1) gleich

$$\langle\psi_a|\boldsymbol{P}|\psi_e\rangle = \langle\psi_a^T|\psi_e^T\rangle\langle\psi_a^R|\boldsymbol{P}|\psi_e^R\rangle, \tag{30.3}$$

---

[3] Bei Anwesenheit von Katalysatoren mit magnetischen Momenten verläuft die Umwandlung wesentlich schneller.

was wegen der Orthonormierung nur dann nicht verschwindet, wenn $\psi_a^T \equiv \psi_e^T$ ist[4]. Bei Vertauschung der Kerne multipliziert sich also das erste Matrixelement rechts mit $+1$. Da auch $\boldsymbol{P}$ symmetrisch ist, lautet also die Bedingung der Invarianz von (30.3) gegen Kernvertauschung

$$\langle\psi_a|\boldsymbol{P}|\psi_e\rangle = (-1)^{\varrho_a}\cdot(-1)^{\varrho_b}\cdot\langle\psi_a|\boldsymbol{P}|\psi_e\rangle \tag{30.4}$$

oder

$$(-1)^{\varrho_a} = (-1)^{\varrho_b}, \tag{30.4'}$$

d.h. das Matrixelement verschwindet nur bei Übergängen zwischen zwei symmetrischen oder zwei antimetrischen Rotationszuständen ψ^R nicht. Es gilt also auch für die ψ^R die Auswahlregel

$$\text{symmetrisch} \not\leftrightarrow \text{antimetrisch} \tag{30.5}$$

der *Symmetrieerhaltung*. Mit (29.7) wird die Bedingung (30.4′) zu

$$(-1)^{P_a+\pi_a} = (-1)^{P_e+\pi_e} \tag{30.6}$$

oder

$$(-1)^{P_a}(-1)^{P_e} = (-1)^{\pi_a}(-1)^{\pi_e}, \tag{30.6'}$$

d.h. sie wird auf die *Paritäten* $(-1)^P$ der Rotationsterme (Ziffer 12) und $(-1)^\pi$ der Elektronenterme (Ziffer 11.2) zurückgeführt: entweder müssen beide Paritäten beim Übergang erhalten bleiben, oder beide müssen wechseln.

Bei den *ultraroten Rotations- und Schwingungsspektren* erfolgen die Übergänge innerhalb des Elektronengrundzustands, die Elektronentermparität bleibt also erhalten. Es sind also auch nur Übergänge zwischen Rotationstermen gleicher Parität $(-1)^P = (-1)^{J+s}$ $(+\leftrightarrow+, -\leftrightarrow-)$ erlaubt, d.h., da auch $(-1)^s$ mit dem Elektronenterm fest bleibt und somit die Parität mit steigendem J wechselt (Ziffer 12), nur Übergänge mit $\Delta J = 0, \pm 2, \pm 4, \ldots$. Diese Übergänge würden aber der Drehimpulsauswahlregel $\Delta J = +1$ (6.2) und (10.3) widersprechen: Molekeln mit gleichen Kernen haben keine Rotations- und Rotationsschwingungsspektren[5].

Aufgabe 30.2

Beweise, daß dies nicht nur für Σ-Terme $(\Lambda = 0)$ mit einfachen Rotationsniveaus gilt, sondern auch bei $\Lambda > 0$ mit $\{\pm\Lambda\}$-Entartung oder schwacher Λ-Verdopplung.

---

4 Anschaulich: elektrische Dipolstrahlung kann von entkoppelten Spins nicht emittiert oder absorbiert werden, der Spinzustand wird beim Übergang $\psi_a \to \psi_e$ nicht geändert. Vergleiche das Interkombinationsverbot bei Atomen (A Ziffer 33) und den Elektronenspins (Ziffer 14).

5 Das haben wir früher mit dem symmetriebedingten Fehlen eines permanenten Dipolmoments begründet. Hier folgt es unmittelbar aus der Äquivalenz gleicher Kerne.

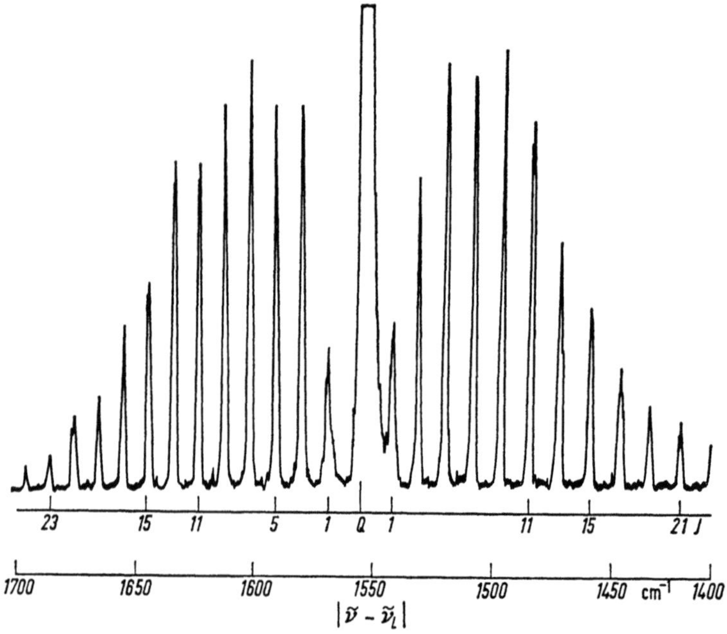

Abb. 30.2. *Rotations-Schwingungs-Raman-Spektrum* von Sauerstoff $^{16}O_2$. $(0 \to 1)$-Bande. Schwingungswellenzahl $\omega_e = 1556\ \mathrm{cm}^{-1}$. S- und O-Zweig nach Gl. (28.8). Die Linien des Q-Zweiges ($\Delta J = 0$) fallen zusammen im Zentrum der Bande. Die Linien mit geradem J fallen wegen $I = 0$ aus. Erregung durch Ar-Ion-Laser mit gewissen Intensitätsschwankungen. Nach BARRETT und ADAMS (1968).

Dagegen wird der *Rotations-Raman-Effekt* auch bei gleichen Kernen beobachtet, da die Drehimpulsauswahlregel (28.4), $\Delta J = 0, \pm 2$ immer Rotationsterme gleicher Parität verbindet.

Ist hier speziell $I = 0$, so kommen in Σ-Zuständen[6] nach (29.10′) nur Rotationsterme mit geradem oder nur solche mit ungeradem J vor. Somit muß jede zweite Linie in den Rotationszweigen (28.4) *fehlen*. Das wird auch beobachtet, z.B. an Molekeln mit zwei ^{16}O-Atomen. Hieraus folgt schon, daß $I = 0$ sein muß. Beim Sauerstoff $^{16}O_2$ kommen nur die ungeraden J vor (Abb. 30.2). Daraus folgt mit (29.10′) für den Elektronenterm $(-1)^{s+\pi} = -1$, was vom Grundzustand $^3\Sigma_g^-$ auch erfüllt wird. Im linearen[7] CO_2 kommen umgekehrt nur die geraden J vor (Abb. 28.2), so daß $(-1)^{s+\pi} = +1$ sein muß, in Übereinstimmung mit der Symmetrie des Elektronengrundzustands $^1\Sigma_g^+$.

---

[6] Bei $\Lambda > 0$ fallen ein symmetrischer und ein antimetrischer Zustand mit gleichem $(-1)^J$ zusammen.

[7] Alle unsere Überlegungen für zweiatomige gelten auch für lineare mehratomige Molekeln mit gleichen Kernen, die durch Inversion ineinander übergehen, wie z.B. CO_2 und C_2H_2, aber nicht N_2O.

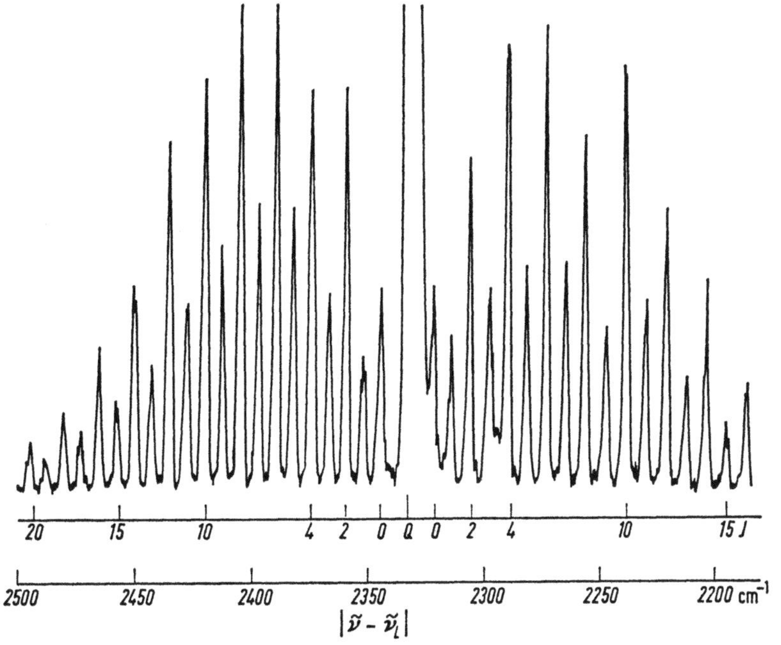

Abb. 30.3. *Rotations-Schwingungs-Raman-Spektrum* von N_2, $(0 \to 1)$-Bande, Schwingungswellenzahl $\omega_e = 2330\ \mathrm{cm}^{-1}$. S- und O-Zweig nach Gl. (28.8). Die Linien des Q-Zweiges ($\Delta J = 0$) fallen im Zentrum der Bande zusammen. Wegen $I = 1$ Intensitätswechsel der Rotationslinien im Verhältnis 1 : 2. Nach Barrett und Adams (1968).

Ist $I > 0$, so treten alle Linien in den *Raman*-Rotationszweigen (28.8) auf, aber mit den aus dem Häufigkeitsverhältnis (29.17) folgenden *Intensitätswechsel* (Abb. 30.3). Auch aus diesem Intensitätswechsel ergibt sich unmittelbar der Wert der Kernspinquantenzahl I.

Ganz analog sind auch die Konsequenzen für die Rotationsstruktur der *Elektronenbandenspektren*. Wir verzichten deshalb auf die Angabe von Beispielen.

Literaturverzeichnis

Dieses Verzeichnis erhebt keinen Anspruch auf Vollständigkeit. Es gibt nur einige Hinweise auf weiterführende Literatur, Lehrbücher und Tabellenwerke, insbesondere die im Text zitierten.

1. Herzberg, G.: Molecular spectra and molecular structure. I. Spectra of diatomic molecules. 2nd edition. New York: van Nostrand Co. 1950.
2. Herzberg, G.: Molecular spectra and molecular structure. II. Infrared and Raman spectra of polyatomic molecules. 5th edition. New York: van Nostrand Co. 1951.
3. Herzberg, G.: Molecular spectra and molecular structure. III. Electronic spectra and electronic structure of polyatomic molecules. New York: van Nostrand Co. 1966.
4. Herzberg, G.: The spectra and structures of simple free radicals (An introduction to molecular spectroscopy). Ithaca, N.Y.: Cornell University Press 1971.
5. Herzberg, G.: Einführung in die Molekülspektroskopie. (Übersetzung von 4.). Darmstadt 1973.
6. Brittain, E. F. H., George, W. O., Wells, C. H. J.: Introduction to molecular spectroscopy. Theory and experiment. New York: Academic Press 1970.
7. Bingel, W. A.: Theorie der Molekülspektren. Weinheim/Bergstr.: Verlag Chemie 1967.
8. Finkelnburg, W.: Kontinuierliche Spektren. Berlin: Springer 1938.
9. Townes, C. H., Schawlow, A. L.: Microwave spectroscopy. New York 1955.
10. Kusch, P.: Atomic and molecular beam spectroscopy. In: Handbuch der Physik, Bd. XXXVII/1, S. 1. Berlin-Göttingen-Heidelberg: Springer 1959.
11. Brügel, W.: Einführung in die Ultrarotspektroskopie. 4. Auflage. Darmstadt 1969.
12. Brandmüller, J., Moser, H.: Einführung in die Ramanspektroskopie. Darmstadt 1962.
13. Matossi, F.: Der Raman-Effekt. 2. Auflage. Braunschweig 1959.
14. Colthup, N. B., Daly, L. H., Wiberley, E.: Introduction to infrared and Raman spectroscopy. New York-London 1964.
15. Nielsen, H. H.: The vibration-rotation energies of molecules and their spectra in the infra-red. In: Handbuch der Physik, Bd. XXXVII/1, S. 173. Berlin-Göttingen-Heidelberg: Springer 1959.
16. Wilson, E. B., Decius, J. C., Cross, P. C.: Molecular vibrations. New York 1955.
17. Mathieu, J. P.: Spectres de vibration et symetrie des molécules et de cristaux. Paris 1945.
18. Hartmann, H.: Theorie der chemischen Bindung auf quantentheoretischer Grundlage. Berlin-Göttingen-Heidelberg: Springer 1954.

19. HARTMANN, H.: Die chemische Bindung. Drei Vorlesungen für Chemiker. 3. Auflage. Berlin-Heidelberg-New York: Springer 1971.
20. PAULING, L.: Die Natur der chemischen Bindung. 3. Aufl. Weinheim/Bergstr.: Verlag Chemie 1968.
21. MARGENAU, H., KESTNER, N. R.: Theory of intermolecular forces. 2nd ed. Oxford 1971.
22. KOTANI, M., OHNO, K., KAYAMA, K.: Quantum mechanics of electronic structure of simple molecules. In: Handbuch der Physik. Bd. XXXVII/2, S. 1. Berlin-Göttingen-Heidelberg: Springer 1961.
23. PLATT, J. R.: The chemical bond and the distribution of electrons in molecules. In: Handbuch der Physik. Bd. XXXVII/2, S. 173. Berlin-Göttingen-Heidelberg: Springer 1961.
24. WAHL, A. C.: Scientific American. **222**, 54(1970).
25. HELLWEGE, K. H.: Einführung in die Physik der Atome. 4. Auflage. In: Heidelberger Taschenbücher, Bd. 2. Berlin-Heidelberg-New York: Springer 1974.
26./27. HELLWEGE, K.-H.: Einführung in die Festkörperphysik, 3. Auflage. Berlin-Heidelberg-New York-London-Paris-Tokyo: Springer 1988.
28. NYE, J. F.: Physical properties of crystals, their representation by tensors and matrices. Oxford: 1957.
29. ROSEN, B. (ed.): Données spectroscopiques relatives aux molécules diatomiques. Tables internationales de constantes sélectionnées, T. 17. Oxford: Pergamon Press 1970..
30. HELLWEGE, K. H. (Hrsg.): LANDOLT-BÖRNSTEIN-Tabellen (Neue Serie), Bde. II/4 (1967), II/6 (1974), II/7 (1976), II/14a, b (1982, 83), II/15 (1987).

Sachverzeichnis

Konstanten der Atomphysik

Nach: Empfehlungen der CODATA-Kommission (1986)

Induktionskonstante	μ_0	$= 4\pi \cdot 10^{-7}\,\mathrm{VsA^{-1}\,m^{-1}} =$ $1{,}256637 \cdot 10^{-6}\,\mathrm{VsA^{-1}\,m^{-1}}$
Influenzkonstante	ε_0	$= 1/\mu_0\,c^2 \equiv$ $8{,}85418 \cdot 10^{-12}\,\mathrm{AsV^{-1}\,m^{-1}}$
Lichtgeschwindigkeit	c	$= 2{,}99792458 \cdot 10^{8}\,\mathrm{ms^{-1}}$
Loschmidt-Konstante	N_L	$= 6{,}02217 \cdot 10^{23}\,\mathrm{mol^{-1}}$
Atomare Masseneinheit	m_0	$= 1{,}66054 \cdot 10^{-27}\,\mathrm{kg}$
Boltzmann-Konstante	k	$= 1{,}380658 \cdot 10^{-23}\,\mathrm{JK^{-1}}$
Faraday-Konstante	F	$= 9{,}64853 \cdot 10^{4}\,\mathrm{Cmol^{-1}}$
Elementarladung	e	$= 1{,}602177 \cdot 10^{-19}\,\mathrm{C}$
Spezifische Elektronenladung	e/m_{e0}	$= 1{,}758819 \cdot 10^{11}\,\mathrm{Ckg^{-1}}$
Elektronenmasse	m_{e0}	$= 9{,}109389 \cdot 10^{-31}\,\mathrm{kg}$
Protonenmasse	m_{p0}	$= 1{,}67262 \cdot 10^{-27}\,\mathrm{kg}$
Wirkungsquantum	h	$= 6{,}626075 \cdot 10^{-34}\,\mathrm{Js}$
	$\hbar$	$= h/2\pi = 1{,}05457 \cdot 10^{-34}\,\mathrm{Js}$
Rydberg-Konstante	$\tilde{R}_\infty$	$= 1{,}0973731 \cdot 10^{7}\,\mathrm{m^{-1}}$
Bohrscher Radius	a_H	$= 5{,}29177 \cdot 10^{-11}\,\mathrm{m}$
Bohrsches Magneton	μ_B	$= 1{,}16541 \cdot 10^{-29}\,\mathrm{Vsm}$
	$\mu_\mathrm{B}{}^+$	$= \mu_\mathrm{B}/\mu_0 \equiv 9{,}27401 \cdot 10^{-24}\,\mathrm{Am^2}$
Kernmagneton	μ_K	$= 6{,}34701 \cdot 10^{-33}\,\mathrm{Vsm}$
	$\mu_K{}^+$	$= \mu_K/\mu_0 \equiv 5{,}05079 \cdot 10^{-27}\,\mathrm{Am^2}$
Compton-Wellenlänge	Λ	$= 2{,}42631 \cdot 10^{-12}\,\mathrm{m}$
Feinstruktur-Konstante	α	$= 7{,}29735 \cdot 10^{-3}$

*Energie-Umrechnungstabelle**

		J	V	$s^{-1} = Hz$	cm^{-1}	K	$kcal_{th}$	$kcal_{th}/kmol$	$T \hat{=} 10^4\,G$
1 J	$\hat{=}$	1	$6{,}24151 \cdot 10^{18}$	$1{,}50919 \cdot 10^{33}$	$5{,}03411 \cdot 10^{22}$	$7{,}24292 \cdot 10^{22}$	$2{,}39006 \cdot 10^{-4}$	$1{,}43933 \cdot 10^{23}$	$1{,}07828 \cdot 10^{23}$
1 V	$\hat{=}$	$1{,}60218 \cdot 10^{-19}$	1	$2{,}41799 \cdot 10^{14}$	$8{,}06554 \cdot 10^{3}$	$1{,}16045 \cdot 10^{4}$	$3{,}82931 \cdot 10^{-23}$	$2{,}30606 \cdot 10^{4}$	$1{,}72760 \cdot 10^{4}$
$1\ s^{-1} = 1$ Hz	$\hat{=}$	$6{,}62607 \cdot 10^{-34}$	$4{,}13567 \cdot 10^{-15}$	1	$3{,}33564 \cdot 10^{-11}$	$4{,}79922 \cdot 10^{-11}$	$1{,}58367 \cdot 10^{-37}$	$9{,}53708 \cdot 10^{-11}$	$7{,}14477 \cdot 10^{-11}$
$1\ cm^{-1}$	$\hat{=}$	$1{,}98645 \cdot 10^{-23}$	$1{,}23984 \cdot 10^{-4}$	$2{,}99792 \cdot 10^{10}$	1	1,43877	$4{,}74763 \cdot 10^{-27}$	2,85910	2,14195
1 K	$\hat{=}$	$1{,}38066 \cdot 10^{-23}$	$8{,}61739 \cdot 10^{-5}$	$2{,}08367 \cdot 10^{10}$	$6{,}95039 \cdot 10^{-1}$	1	$3{,}29986 \cdot 10^{-27}$	1,98722	1,48874
$1\ kcal_{th}$	$\hat{=}$	$4{,}18400 \cdot 10^{3}$	$2{,}61144 \cdot 10^{22}$	$6{,}31445 \cdot 10^{36}$	$2{,}10631 \cdot 10^{26}$	$3{,}03043 \cdot 10^{26}$	1	$6{,}02214 \cdot 10^{26}$	$4{,}51151 \cdot 10^{26}$
$1\ \frac{kcal_{th}}{kmol}$	$\hat{=}$	$6{,}94768 \cdot 10^{-24}$	$4{,}33640 \cdot 10^{-5}$	$1{,}04854 \cdot 10^{10}$	$3{,}49760 \cdot 10^{-1}$	$5{,}03216 \cdot 10^{-1}$	$1{,}66054 \cdot 10^{-27}$	1	$7{,}49153 \cdot 10^{-1}$
$1\ T \hat{=} 10^4\,G$	$\hat{=}$	$9{,}27402 \cdot 10^{-24}$	$5{,}78839 \cdot 10^{-5}$	$139963 \cdot 10^{10}$	$4{,}66864 \cdot 10^{-1}$	$6{,}71710 \cdot 10^{-1}$	$2{,}21655 \cdot 10^{-27}$	1,33484	1

* Abgerundete Zahlenwerte

Liste der häufiger verwendeten Symbole

A Spin-Bahn-Kopplungskonstante
B, B_e, B_0, B_v Rotationskonstanten
C *Coulomb*-Integral
C Rotationskonstante
D_e, D_v, D_0 Dissoziationsarbeit
D_e, D_J, D_{Jk}, D_k Dehnungskonstanten
E_B Elektronenaffinität
F Kraft
$F(J)$ Rotationsterme
g gerade Parität des Elektronenzustandes
$G(v)$ Schwingungsterme
$\hbar = h/2\pi$ *Planck*sche Konstante
$\mathcal{H}$ *Hamilton*-Operator
I Austausch-Integral
I_A Ionisationsarbeit (eines Atoms)
$\boldsymbol{J}$ Gesamtdrehimpuls
J, M, M_J Quantenzahlen zu $\boldsymbol{J}$
$\boldsymbol{K} = \boldsymbol{\Lambda} + \boldsymbol{N}$ Drehimpuls
K Quantenzahl zu $\boldsymbol{K}$
k Federkraftkonstante
k Drehimpulsquantenzahl
L Bahn(drehimpuls)quantenzahl eines Atoms
m_K Masse von Atomkernen
M_L magnetische Bahndrehimpulsquantenzahl eines Atoms
m_A, m_B Masse von Atomkernen
m_e Elektronenmasse
m reduzierte Masse
M, M_J magnetische Gesamtdrehimpulsquantenzahl
M_S magnetische Spinquantenzahl eines Atoms
$\boldsymbol{N}$ Drehimpuls der Kernrotation
N Elektronenzahl
N Atomzahl
$n = 3N - 6(5)$ Anzahl der Eigenschwingungen
$P(r) = W^{\mathrm{el}}(r)$ Schwingungspotential
$\boldsymbol{P}$ Elektrisches Dipolmoment
$\boldsymbol{p}_A, \boldsymbol{p}_B$ Impuls von Atomkernen
$\boldsymbol{p}_i$ Impuls von Elektronen
Q_A Quadrupolmoment
$q^{(s)}$ Normalkoordinate
$\boldsymbol{r}_S$ Schwerpunktsort
$\boldsymbol{r}_{mn} = \boldsymbol{r}_n - \boldsymbol{r}_m$ Teilchenabstand
$\boldsymbol{r}_{AB} = \boldsymbol{r}_B - \boldsymbol{r}_A$ Kernabstand
$r_{mn} = |\boldsymbol{r}_{mn}|$
r_e Gleichgewichtsabstand
$\langle r(v) \rangle$ mittlerer Kernabstand
$\boldsymbol{r}_A, \boldsymbol{r}_B$ Ortsvektoren von Atomkernen
$\boldsymbol{r}_i$ Ortsvektoren von Elektronen
S Spinquantenzahl eines Atoms
T Kinetische Energie
T Gesamter Kernspindrehimpuls
T Schwingungsdauer
$T(v\,J)$ Rotations-Schwingungs-Terme
U Potentielle Energie
u ungerade Parität des Elektronenzustands
v Schwingungsquantenzahl
W Energie
$W^{\mathrm{el}}(r)$ Elektronenenergie
W_{kin} kinetische Energie
W_{pot} potentielle Energie
W^S Elektronenspinenergie
W^{trans} Translationsenergie
W^T Kernspinenergie
W^{rot} Rotationsenergie
W^{vibr} Schwingungsenergie
x_e Anharmonizitätskonstante

Fortsetzung auf 3. Umschlagseite!

MIX
Papier aus verantwortungsvollen Quellen
Paper from responsible sources
FSC® C105338

If you have any concerns about our products,
you can contact us on
ProductSafety@springernature.com

In case Publisher is established outside the EU,
the EU authorized representative is:
Springer Nature Customer Service Center GmbH
Europaplatz 3, 69115 Heidelberg, Germany

Printed by Libri Plureos GmbH
in Hamburg, Germany